职业教育课程改革创新规划教材·入门教程系列

电子元器件识别、检测与焊接

韩雪涛　主　编

曾雄兵　韩广兴　吴　瑛　副主编

电子工业出版社

Publishing House of Electronics Industry

北京·BEIJING

内 容 简 介

本书以电子电工领域的技术特色和实际岗位需求作为编写目标，结合读者的学习习惯和学习特点，将电子元器件的识别、检测与焊接技能通过项目模块的方式进行合理的划分。注重学生技能的锻炼，全书共 12 个项目模块。在每个的项目模块中，根据岗位就业的实际需求，结合电子元器件的识别、检测与焊接的技术特点和技能应用，又细分出多个任务模块，每个任务模块由若干个"新知讲解"或"技能训练"子项目模块构成。这些子项目模块注重理论与实践的结合，涵盖实际工作中的重要知识与技能。以项目为引导，通过任务驱动，让学习者自主完成学习和训练。

全书内容涵盖了国家职业资格认证考核的内容，适用于"双证书"教学与实践。

本书可以作为电子电工专业技能培训的辅导教材，也可作为各职业技术院校电工电子专业的实训教材，同时也适合从事电工电子行业生产、调试、维修的技术人员和业余爱好者阅读。

图书在版编目（CIP）数据

电子元器件识别、检测与焊接 / 韩雪涛主编. —北京：电子工业出版社，2015.8
职业教育课程改革创新规划教材. 入门教程系列

ISBN 978-7-121-26750-5

Ⅰ. ①电… Ⅱ. ①韩… Ⅲ. ①电子元件—识别—中等专业学校—教材②电子元件—检测—中等专业学校—教材③电子元件—焊接—中等专业学校—教材 Ⅳ. ①TN60

中国版本图书馆 CIP 数据核字（2015）第 168762 号

策划编辑：张　帆
责任编辑：张　帆
印　　刷：北京虎彩文化传播有限公司
装　　订：北京虎彩文化传播有限公司
出版发行：电子工业出版社
　　　　　北京市海淀区万寿路 173 信箱　邮编　100036
开　　本：787×1 092　1/16　印张：16.25　字数：403.2 千字
版　　次：2015 年 8 月第 1 版
印　　次：2024 年 9 月第 11 次印刷
定　　价：33.50 元

前　　言

随着电子技术的发展和人们生活水平的提高，各种类型、各种应用的电子产品不断丰富着我们的生产和生活。特别是新技术、新产品、新工艺、新材料的不断问世，使得家电、计算机外围设备、数码产品、手机及通信设备等产品无论从产品的种类还是从更新换代的速度都得到了长足的发展。

电子产品功能越来越完善，电路结构越来越复杂。社会对电子产品生产、制造、售后维修等一系列岗位的人才需求提出了更高的要求。培养具备专业素质的技能型人才成为各电子技术类职业院校的重要责任。

这其中，电子元器件的识别、检测与焊接技能始终是一项非常基础且非常重要的专项技能。

本书可作为教授电子元器件识别、检测与焊接的专业培训教材。为应对目前知识技能更新变化快的特点，本书从内容的选取上进行了充分的准备和认真的筛选。尽可能以目前社会上的岗位需求作为图书培训的目标。力求能够让读者从书中学到实用、有用的东西。因此本书中所选取的内容均来源于实际的工作。这样，读者从书中可以直接学习工作中的实际案例，非常有针对性，确保学习完本书就能够应对实际的工作。

图书最大的特点就是强调技能学习的实用性、便捷性和时效性。在表现形式上充分体现"图解"特色，即根据所表达知识技能的特点，分别采用"图解"、"图表"、"实物照片"、"文字表述"等多种表现形式，力求用最恰当的形式展示知识技能。

本书在内容和编排上下了很大的功夫，首先在内容的选取方面，图书结合国家职业资格认证、数码维修工程师考核认证的专业考核规范，对电子元器件的识别、检测与焊接所需要的相关知识和技能进行整理，并将其融入到实际的应用案例中，力求让读者能够学到有用的东西，能够学以致用。

在结构编排上，图书采用项目式教学理念，以项目为引导，通过任务驱动完成学习和训练。图书根据行业特点将电子元器件识别、检测与焊接中的实用知识技能进行归纳，结合岗位特征进行项目模块的划分，然后在项目模块中设置任务驱动，让学习者在学习中实践，在实践中锻炼，在案例中丰富实践经验。

在内容选取上，保证知识为技能服务的原则，知识的选取以实用、够用为原则，技能的实训则重点注重行业特点和岗位特色。

为了达到良好的学习效果，图书在表现形式方面更加多样。图书设置有【图文讲解】、【提示】、【资料链接】以及【图解演示】四个模块。知识技能根据其技术难度和特色选择恰当的体现方式，同时将"图解"、"图表"、"图注"等多种表现形式融入知识技能的讲解中，更加生动、形象。

在编写力量上，本书依托数码维修工程师鉴定指导中心组织编写，参加编写的人员均参与过国家职业资格标准及数码维修工程师认证资格的制定和试题库开发等工作，对电工电子的相关行业标准非常熟悉。并且在图书编写方面都有非常丰富的经验。此外，本书的编写还吸纳了行业各领域的专家技师参与，确保本书的正确性和权威性。

参加本书编写工作的有：韩雪涛、韩广兴、郴州综合职业中专曾雄兵、吴瑛、梁明、宋明芳、张丽梅、王丹、王露君、张湘萍、韩雪冬、吴玮、唐秀鸯、吴鹏飞、高瑞征、吴惠英、王新霞、周洋、周文静等。

为了更好地满足读者的需求，达到最佳的学习效果，读者除了可以通过书中留下专门的技术咨询电话和通信地址获得专业技术咨询外，还可登录天津涛涛多媒体技术公司与中国电子学会联合打造的技术服务网站（www.chinadse.org）获得技术服务。随时了解最新的行业信息，获得大量的视频教学资源、电路图纸、技术手册等学习资料以及最新的行业培训信息，实现远程在线视频学习，还可以通过网站的技术论坛进行交流与咨询。

学员可通过学习与实践还可参加相关资质的国家职业资格或工程师资格认证，可获得相应等级的国家职业资格或数码维修工程师资格证书。如果读者在学习和考核认证方面有什么问题，可通过以下方式与我们联系。

数码维修工程师鉴定指导中心

网址：http://www.chinadse.org

联系电话：022-83718162/83715667/13114807267

E-MAIL:chinadse@163.com

地址：天津市南开区榕苑路 4 号天发科技园 8-1-401，

邮编：300384

编　者
2015 年 4 月

目　录

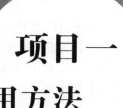

项目一

了解万用表的功能和使用方法

任务模块 1.1　指针万用表的功能和使用方法

新知讲解 1.1.1　了解指针万用表的结构和功能特点

指针万用表也被称为模拟式万用表，它是通过指针指示的方式直接在刻度盘上指示测量的结果。用户可以根据指针的摆动情况或指向来获取测量状态或测量数值，进而对检测结果做出判断。如图 1-1 所示为典型指针万用表的实物外形。

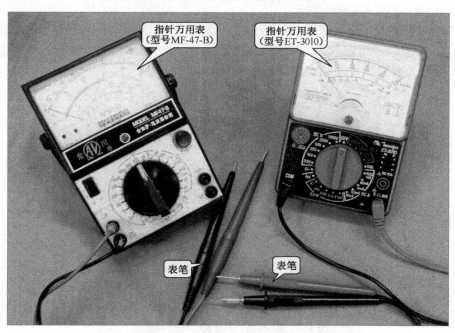

图 1-1　典型指针万用表的实物外形

1. 指针万用表的功能参数

指针万用表常用来检测电阻、交/直流电压和直流电流等，某些指针万用表还可检测晶体管的放大倍数，电容量、电感量等。该万用表的最大特点是由表头指针指示测量数值，并直观地观察到电流、电压等参数的变化过程。

在指针万用表的说明书上，会对该万用表的一些性能参数进行介绍，了解这些性能参数，可以更好地选择和使用指针万用表。

（1）最大刻度和允许误差

指针万用表常以最大刻度和允许误差来表现万用表的测量精确度，典型指针万用表的最大刻度和允许误差，如表 1-1、表 1-2 所示。

表 1-1   典型指针万用表的最大刻度值

测量项目	最大刻度值
直流电压（V）	0.25、1、2.5、10、50、250、500、1000
交流电压（V）	10、50、250、500、1000
直流电流（mA）	0.05、0.5、5、50、500
低频电压（dB）	−10～+22（AC 10 V 范围）

表 1-2   典型指针万用表的允许误差

测量项目	允许误差值
直流的电压、电流	最大刻度值的±3%
交流电压	最大刻度值的±4%
电阻	刻度盘长度的±3%

（2）阻尼时间和灵敏度

阻尼时间和灵敏度用来表现指针万用表的测量性能。指针万用表的阻尼时间，通常不应超过 4s；指针万用表的灵敏度常用 kΩ/V 来表示，灵敏度数值越高，测量越精确。如图 1-2 所示为典型指针万用表的灵敏度数值。

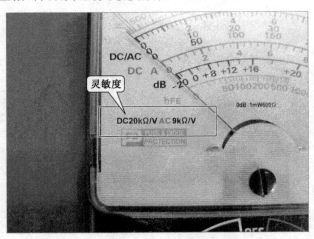

图 1-2   典型指针万用表的灵敏度数值

（3）准确度等级和基本误差

由于材料和环境的影响，指针万用表不可能达到零误差标准，因此就以准确度等级来表示其误差大小。准确度也称为精度，也就是指针万用表的指示值与实际值之差。基本误差常以刻度盘量程的百分比来表示。万用表的准确度等级是以基本误差来表示的，准确度等级越高，基本误差越小，准确度等级和基本误差的关系，如表 1-3 所示。

表 1-3 准确度等级和基本误差的关系

准确度等级	1（高）	1.5	2.5	5（低）
基本误差（%）	±1.0	±1.5	±2.5	±5.0

指针万用表的表头是动圈式电流表，表针摆动是由线圈的磁场驱动的，因而测量时要避开强磁场环境，以免造成测量误差。万用表的频率响应范围比较窄，正常测量的信号，若频率超过 3000 Hz 以上，误差会渐渐变大，使用时要注意这一点。

（4）其他性能参数

除了以上几种重要的性能参数外，指针万用表还有其他一些性能参数，例如倾斜误差、调零偏离量、升降变差等。倾斜误差是指万用表由工作平面向其他方向倾斜时所造成误差；调零偏离量是指使用零欧姆校正钮调整指针位置时，指针移动的距离。

2．指针万用表的结构特点

【图文讲解】

如图 1-3 所示为典型指针万用表的外形结构。从图中可以看出，指针万用表主要由刻度盘、指针、量程旋钮、表头校正钮、零欧姆校正钮、晶体三极管插孔、表笔插孔和红、黑两只表笔构成。下面将对各部分的功能进行介绍。

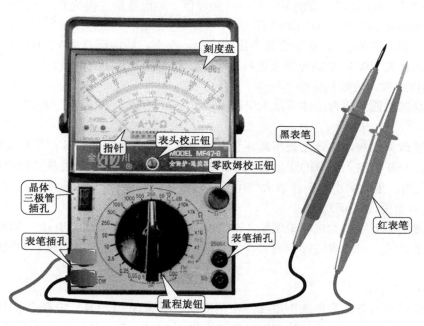

图 1-3 典型指针万用表的外形结构

（1）刻度盘

【图文讲解】

指针万用表通过指针指示测量结果，因此刻度盘上有许多条不同弧度的刻度线及刻度值。如图 1-4 所示为典型指针万用表的刻度盘。

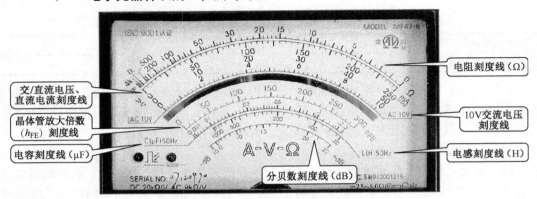

图 1-4　指针万用表的刻度盘

● 电阻刻度线（Ω）

电阻刻度位于刻度盘最上面，在它的右侧标有"Ω"标志，电阻刻度值分布从右到左，逐渐由疏到密。刻度线最右侧为 0，最左侧为无穷大。

● 交/直流电压和直流电流刻度线（V̱、mA）

刻度盘的第二条刻度线为交/直流电压、电流刻度线，在其左侧标志有"V̱"，右侧标志为"mA"。在这条刻度盘的下方有三排刻度值，刻度线最左侧为 0。

● 交流电压刻度线（AC 10V）

刻度盘的第三条线为 10 V 交流电压刻度线，在左右两边标有"AC 10V"，表示这条线是量程为交流 10V 挡检测时所要读取刻度线，刻度线最左侧为 0。

● 晶体管放大倍数刻度线（h_{FE}）

刻度盘的第四条线为晶体管放大倍数刻度线，在刻度线右侧标有"h_{FE}"，刻度线最左侧为 0。

晶体管放大倍数，实际上是指晶体管电流的放大系数，该系数 β 是集电极输出电流的变化量 ΔI_c 与基极输入电流的变化量 ΔI_b 之比，即 $\beta = \Delta I_c / \Delta I_b$。一般晶体管的放大倍数在 10～200 之间，倍数太小，电流放大作用差；倍数太大，性能不稳定。

● 电容刻度线（μF）

刻度盘的第五条线为电容刻度线，在刻度线左侧标有"C（μF）50 Hz"的标志，"μF"表示电容的单位。对电容进行检测时，需要在输入 50 Hz 交流信号的条件下进行电容器的检测。

● 电感刻度线（H）

刻度盘的第六条线为电感刻度线，在刻度线右侧标有"L（H）50 Hz"的标志，"H"表示电感的单位。对电感进行检测时，需要在输入 50 Hz 交流信号的条件下进行电感器的检测。

● 分贝数刻度线（dB）

分贝数刻度线位于刻度盘最下面，在它的两侧都标有"dB"，刻度线两端的"−10"和"+22"表示其量程范围，它主要用来读取放大器的增益或衰减值。

一般来说，电信号在传输过程中，功率会因损耗而衰减，而电信号经过放大后功率也会增加。计量传输过程中这种功率的减小或增加的单位叫作传输单位，传输单位常用分贝表示，其符号为"dB"。

（2）指针

指针主要用来在刻度盘上指示出读数位置，此外在检测电容器时，通过指针摆动表示充放电过程。

（3）表头校正钮

【图文讲解】

表头校正钮位于刻度盘正下方，用来对指针进行机械调零，如图 1-5 所示，当指针与左侧零刻度线出现偏差时，使用一字螺丝刀微调表头校正钮，即可对指针进行调整。

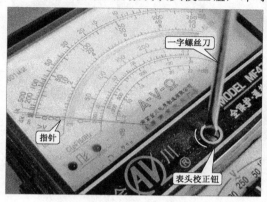

图 1-5　表头校正钮及其使用

指针万用表内的电池在测量电阻值时才起作用，若电池的电量发生变化，需重新进行 0Ω 调整，测量才能准确，并且更换新电池后也要重新进行 0Ω 调整。

（4）零欧姆校正钮

【图文讲解】

零欧姆校正钮位于量程旋钮的侧上方，用来对指针进行零欧姆校正，即表笔短路状态指针应指向 0Ω，否则在测量电阻时会有较大误差。如图 1-6 所示，当每改变一次挡位，都必须使用零欧姆校正钮对指针的 0Ω 位置进行校正。

图 1-6　零欧姆校正钮及其使用

（5）量程旋钮

【图文讲解】

量程旋钮位于万用表主体的中下部，外围标有各种量程和功能标志，如图 1-7 所示，在量程旋钮的左侧标志有"⊻"的区域，为直流电压挡；上方标志有"∨"的区域，为交流电压挡；电压挡右侧标志有"C.L.dB"的挡位为分贝挡（放大器的增益或衰减），电感值和电容值的测量也用该挡位，它与交流 10 V 电压挡共用一个挡位；旋钮右侧标志有"Ω"的区域，为欧姆挡；下方标志有"mA"的区域，为直流电流挡。在欧姆挡和直流电流挡之间，还可看到"h_{FE}"标志，表示的是晶体管放大倍数检测挡。

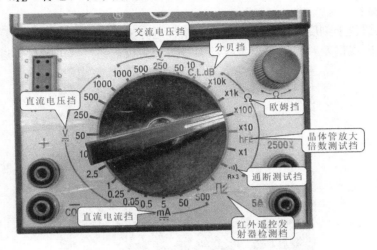

图 1-7　量程旋钮

标志"·))）"表示的是通断测试挡。通断测试挡常用来快速检测导线、灯泡灯丝、线缆等的通断情况，当测试部位的阻值低于万用表内阻时，万用表便会发出蜂鸣声，表示测试部位通路。

【提示】

值得注意的是，如果被测电路的电压和电流的大小不能预测大致范围时，必须将万用表调到最大量程，先粗略测量一个值，然后再切换到相应的测量范围进行准确的测量。这样既能避免损坏万用表，又可减少测量误差。

（6）晶体三极管插孔

【图文讲解】

在该指针万用表的左侧，设计有晶体三极管插孔，其左侧三个插孔（标志 N）用来插接 NPN 型晶体管，右侧三个插孔（标志 P）用来插接 PNP 型晶体管，如图 1-8 所示。两组插孔分别标有"c"、"b"和"e"，对应晶体管的集电极、基极和发射极。

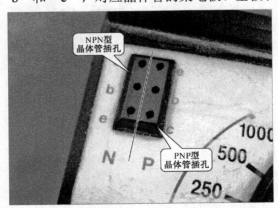

图 1-8　晶体三极管插孔及其使用

（7）表笔插孔

【图文讲解】

表笔插孔通常位于万用表下方，根据万用表的功能量程，可能会有 2～4 个表笔插孔，如图 1-9 所示。其中"COM"（负极）插孔用来与黑表笔相连（也有"-"或"*"表示负极）；"＋"（正极）插孔用来与红表笔相连；"5A"是测量直流大电流的专用插孔（大于 500mA 小于 5A 的电流用此插孔），它与红表笔相连，表示所测最大电流值为 5 A。"2500V"是测量交/直流高压的专用插孔，它与红表笔相连，表示所测量的最大电压值为 2500 V。

图 1-9　表笔插孔

技能演示 1.1.2　掌握指针万用表的使用方法

在使用指针万用表检测元器件或相关电路时，应正确使用万用表进行测量，以防对万用表和人员造成损伤。此外，还要注意万用表的日常维护保养，保证万用表的使用寿命和测量准确度。

1. 使用指针万用表检测电阻值

对电阻值进行测量是万用表非常重要的功能之一，通过对电阻值的测量可以快速地对元器件性能的好坏以及线路连接情况进行判断。下面将对电阻值的检测方法进行介绍。

【图文讲解】

对待测器件的阻值进行检测之前，先将黑表笔插到"COM"插孔中，红表笔插到"＋"插孔中，如图 1-10 所示。若万用表有多个红表笔插孔，则需要将红表笔插入电阻值测量插孔中。

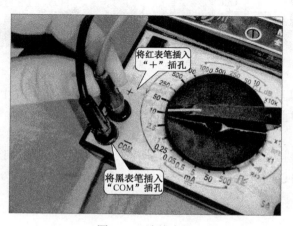

图 1-10　连接表笔

【图文讲解】

指针万用表在待机状态或使用前，指针应指在左侧零刻度线上。若指针偏离，可使用一字螺丝刀微调表头校正钮，使指针与左侧零刻度线对齐，如图 1-11 所示。

图 1-11　表头校正

【图文讲解】

测量电阻器的阻值时，根据待测元件的标称值，调整万用表的欧姆挡量程。例如，通过色环标注法可知该待测电阻器阻值为 33Ω，根据标称值将万用表的量程调整到"×1"欧姆挡，如图 1-12 所示。

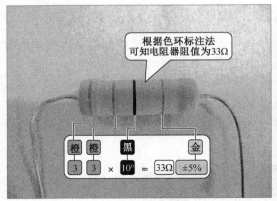
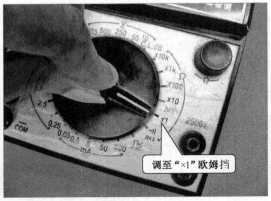

图 1-12　调整挡位

若查找不到待测器件的阻值，可先使用较大量程进行测试，估计出待测器件的阻值范围后，再使用适合量程进行检测。

【图解演示】

选择好量程后，进行零欧姆校正。将红、黑表笔短接，指针指向刻度盘右侧 0Ω 附近，微调零欧姆校正钮，使指针指向右侧零刻度线处，如图 1-13 所示。每变换一次欧姆挡，必须重新进行零欧姆校正。

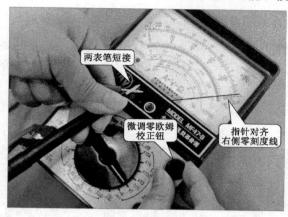

图 1-13　零欧姆校正

将红、黑表笔任意搭在待测器件的两端，指针便会发生偏转，如图 1-14 所示。当在路检测时，将红、黑表笔任意搭在待测器件的两引脚上即可。

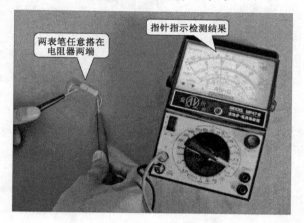

图 1-14　对待测器件进行测量

读取指针所指示的测量结果，如图 1-15 所示。根据欧姆挡位的量程，该待测器件的阻值应为 33（指针指示结果）×1 Ω（量程）＝33 Ω。

图 1-15　读取测量结果

2. 使用指针万用表检测电压值

对直流电压进行测量是万用表常用功能之一，通过对直流电压的测量可以迅速对元器件的直流供电情况进行判断。下面将对直流电压值的检测方法进行介绍。

【图解演示】

检测之前，先连接好表笔，再对表头进行校正，然后根据直流电压大小，调整万用表挡位，如图 1-16 所示。

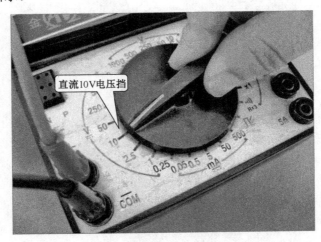

图 1-16　调整直流电压挡

将黑表笔搭在待测部位负极（或接地），红表笔搭在待测部位的正极，指针便会发生偏转，如图 1-17 所示。

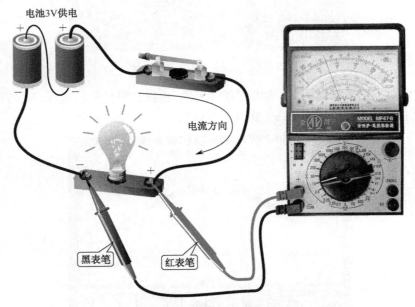

图 1-17　对待测部位进行测量

值得注意的是，在检测直流输出电压时，若不能事先判断正、负极，红、黑表笔接触待测点，可能会出现指针反向偏转的现象，这时应立即停止测量，对调表笔后再进行测试，以防损伤指针。

　　读取指针所指示的测量结果，如图 1-18 所示。根据直流电压挡的量程，该待测器件的直流电压值应为 3 V。

图 1-18　读取测量结果

　　指针万用表除了可对直流电压进行检测外，还可对交流电压进行检测，其操作方法与检测直流电压相同，只是在选择挡位时，要根据待测部位的电压值来选择交流电压挡。

　　如图 1-19 所示，使用指针万用表对桥式整流堆的输入端电压进行检测。将万用表挡位调整至交流 250V 挡，红、黑表笔搭在待测器件的交流输入端上，指针发生偏转，读取测量结果可知该器件的输入端电压为交流 220 V。

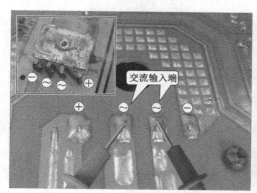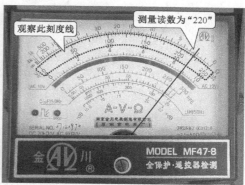

图 1-19　对交流输入电压进行检测

3. 使用指针万用表检测电流值

　　对直流电流进行测量也是万用表的常用检测功能，下面将对直流电流值的检测方法进行介绍。

【图解演示】

　　检测之前，先将表笔连接好，如图 1-20 所示。将黑表笔插入"COM"插孔中，红表笔插入正极性"+"插孔中（如所测电流大于 500mA，则应插入到"5Ａ"插孔中），然后将万用表量程调至直流电流挡。

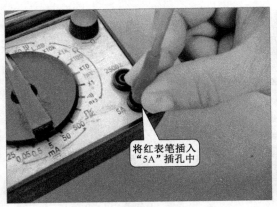 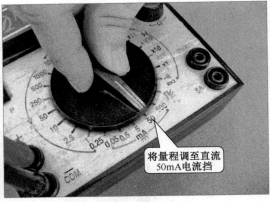

（a）测量大电流时（500mA～5A）　　　　　　　　（b）小于500mA时的连接

图 1-20　连接表笔并调整直流电流挡

　　将万用表串联到电路中，即将红表笔搭在被测电路的正极性端，黑表笔搭在被测电路的负极性端，如图 1-21 所示。

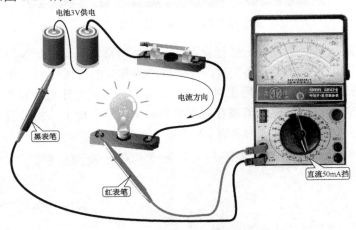

图 1-21　串联测量电流值

　　读取指针所指示的测量结果，如图 1-22 所示。根据直流电流挡的量程，该电路的直流电流值应为 15 mA。

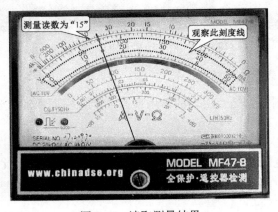

图 1-22　读取测量结果

新知讲解 1.1.3　知晓指针万用表的使用注意事项

在使用指针万用表测量电路和元器件时，为了保证测量数值准确，应正确使用万用表并做好万用表的日常维护。

（1）为了使万用表能长期使用且数值准确，应定期使用精密仪器进行校正。使万用表的读数与基准值相同，误差在允许的范围之内。

（2）指针万用表的表头是动圈式电流表，表针摆动是由线圈的磁场驱动的，因而测量时要避开强磁场环境，以免造成测量误差。

（3）万用表的频率响应范围比较窄，正常测量的信号频率超过 3000Hz 以上，误差会渐渐变大，使用时要注意这一点。

（4）指针万用表内的电池是在测量电阻值时起作用的，电池的电量消耗以后，测量电阻值的误差会增加，要注意进行 0Ω 调整，测量才能正确。更换新电池后也要重新进行 0Ω 调整。

（5）被测电路的电压和电流的大小不能预测大致范围时，必须将万用表调到最大量程，先粗略测量一个值，然后再切换到相应的测量范围进行准确的测量。这样既能避免损坏万用表，又可减少测量误差。

使用万用表测量之前，必须明确要测量什么量以及具体的测量方法，然后选择相应的测量模式和适合的量程。每次测量时务必要对测量的各项设置进行仔细核查，以避免因错误设置而造成仪表损坏。

虽然要求在每次测量前需要核对测量模式及量程，但最好在每次测量完毕就将量程拨至最高电压挡，以防止下次开始测量时疏忽而损坏仪表。

（6）测量直流电路时一定要注意极性，当反接时，指针会向反向偏转，严重时甚至会打坏表头。

（7）如果测量的电压或电流的波形不是正弦波或是失真较大，又有直流分量，测量误差往往比较大。如果要测量脉冲信号、锯齿波信号、数字信号则要使用示波器。

（8）在晶体管电路的检测工作中，必须注意到万用表内阻的影响，因为测量范围在低量程，如果内阻小就会对被测电路产生影响，为了避免测量误差，可以先测基极和接地端之间的电压，然后再测量发射极与接地端之间的电压，再由两者的差求出基极和发射极之间的电压，这样可以减少测量误差，如图 1-23 所示为万用表内阻对测量的影响。

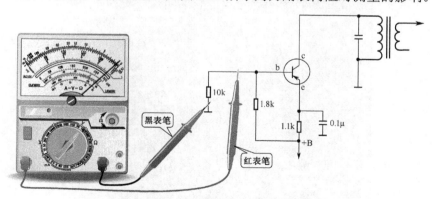

图 1-23　万用表内阻对测量的影响

使用万用表测量晶体管的基极电压时，万用表的内阻较小，相当于一个电阻并联到基极电阻上，不能测得正确的值。

（9）测量晶体管的阻抗时要注意万用表检测端的电压极性，指针万用表内设有电池，万用表的端子红色表笔实际上与内部电池的负极相连，黑色表笔与电池的正极相连，如图 1-24 所示，当测量 NPN 晶体管基极与发射极之间的正向阻抗时，要使万用表黑笔接基极（B），红笔接发射极（E）。测量基极与集电极之间的反向阻抗时，红笔接基极（B），黑笔接集电极（C），测量 PNP 晶体管时则相反。

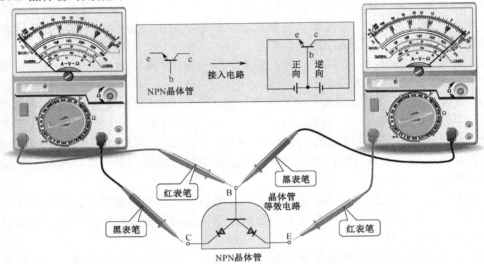

图 1-24　测量晶体管的阻抗

任务模块 1.2　了解数字万用表的结构和使用方法

新知讲解 1.2.1　了解数字万用表的结构和功能特点

数字万用表是最常见的仪表之一，数字万用表凭借准确的数字显示功能和简便的操作以及多种元器件的测量得到了越来越广泛的应用。如图 1-25 所示为典型数字万用表的实物外形。

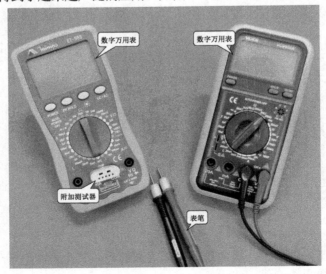

图 1-25　典型数字万用表的实物外形

1. 数字万用表的功能参数

数字万用表是比指针万用表更加先进的一种检测仪表，它采用液晶显示技术，将电阻、电压、电流等测量结果，通过数字直接显示出来，无须进行换算。

数字万用表可检测电阻、交/直流电压和交/直流电流等基本参数，此外还可对晶体管的放大倍数，电容量、电感量等进行检测。该万用表的最大特点是显示数字清晰、直观，读取准确，既保证测试结果的客观性，又符合现代人的读数习惯。

数字万用表的功能多样，性能参数略有差异，在数字万用表的说明书上，会对该万用表的一些性能参数进行介绍，了解这些性能参数，可以更好地选择和使用数字万用表。

数字万用表主要性能参数包括显示特性、测量特性和技术特性。下面以典型数字万用表为例，介绍其主要性能参数。

（1）显示方式和最大显示数

显示方式和最大显示数是衡量数字万用表显示特性的重要参数。目前常见的显示方式都是采用液晶显示屏显示数据，这种显示方式直观，但不能表现数据的变化过程。

【图文讲解】

如图 1-26 所示，该数字万用表的最大显示数为"3½"，即三又二分之一，表示该液晶屏可显示 4 位数字，第一位数最大可显示 0~1，后三位最大显示为 0~9（满位），可显示最高数为 1999。

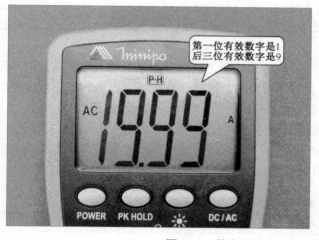
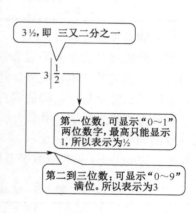

图 1-26　数字万用表的最大显示数

【提示】

值得注意的是，在刚开始测量时，数字万用表可能会出现跳数现象，应等到 LCD 液晶显示屏上所显示的数值稳定后再读数。这样才能确保读数的正确。

（2）采样速率和精确度

数字万用表的采样速率和精确度（分辨率）能够很好地反映数字万用表的测量特性。采样速率是指单位时间内对输入信号进行采样的速度。在很大程度上反映了测量结果与真实值之间的相符度。

精确度，也可称为分辨率，用来表示数字万用表所能精确的最小值，该值通常与选择量程有关。如表 1-4 所示为典型（Minipa ET-988）数字万用表各量程精确度（分辨率）。

表 1-4 Minipa ET-988 型数字万用表各量程精确度（分辨率）

功能	量程	精确度（分辨率）	功能	量程	精确度（分辨率）
直流电流 DCV	200 mV	0.1 mV	电容 C	20 nF	0.01 nF
	2 V	0.001 V		200 nF	0.1 nF
	20 V	0.01 V		2 μF	0.001 μF
	200 V	0.1 V		20 μF	0.01 μF
	1000 V	1 V		200 μF	0.1 μF
交流电压 ACV	200 mV	0.1 mV	电感 L	2 mH	0.001 mH
	2 V	0.001 V		20 mH	0.01 mH
	20 V	0.01 V		200 mH	0.1 mH
	200 V	0.1 V		2 H	0.001 H
	750 V	1 V		20 H	0.01 H
直流电流 DCA	2 mA	0.001 mA	频率 Hz	2 kHz	1 Hz
	20 mA	0.01 mA		20 kHz	10 Hz
	200 mA	0.1 mA		200 kHz	100 Hz
	20 A	0.01 A		2000 kHz	1 kHz
交流电流 ACA	2 mA	0.001 mA		10 MHz	10 kHz
	20 mA	0.01 mA	温度℃	−20～1000	1
	200 mA	0.1 mA		—	—
	20 A	0.01 A		—	—

（3）测量准确度

测量准确度是数字万用表非常重要的技术特性。通常，数字万用表除了具有电阻值、电压值、电流值等基本功能外，还具有通断测试、晶体管放大倍数、电容量、电感量、频率、温度以及背光显示、峰值保持等功能。

准确度也称为精度，用来表示测量结果的准确程度，即万用表的指示值与实际值之差。准确度的表示格式是为：±（××%＋字数），选择准确度高的万用表可以更准确地测量出数据。Minipa ET-988 型数字万用表各量程准确度如表 1-5 所示。

表 1-5 Minipa ET-988 型数字万用表各量程准确度

功能	量程	准确度	功能	量程	准确度
电容 C	20 nF	±（2.5%＋20 字）	直流电流 DCV	200 mV	±（0.5%＋3 字）
	200 nF			2 V	
	2 μF			20 V	
	20 μF			200 V	
	200 μF	±（5.0%＋20 字）		1000 V	±（1.0%＋10 字）
电感 L	2 mH	±（2.5%＋30 字）	交流电压 ACV	200 mV	±（0.8%＋5 字）
	20 mH			2 V	
	200 mH			20 V	
	2 H			200 V	
	20 H			750 V	±（1.2%＋10 字）

续表

功能	量程	准确度	功能	量程	准确度
频率 Hz	2 kHz	±（1.0%＋10 字）	直流电流 DCA	2 mA	±（0.8%＋10 字）
	20 kHz			20 mA	
	200 kHz			200 mA	±（1.2%＋10 字）
	2000 kHz			20 A	±（2.0%＋10 字）
	10 MHz		交流电流 ACA	2 mA	±（1.0%＋15 字）
电阻 Ω	200 Ω	±（0.8%＋5 字）		20 mA	
	2 kΩ	±（0.8%＋3 字）		200 mA	±（2.0%＋15 字）
	20 kΩ			20 A	±（3.0%＋20 字）
	200 kΩ		温度℃	-20～1000	±（1.0%＋4 字）＜400
	2 MΩ				±（1.5%＋15 字）≥400
	20 MΩ	±（1.0%＋25 字）			
	2000 MΩ	±［5.0%（读数 -10）＋20 字)]			

2．数字万用表的结构特点

【图文讲解】

　　如图 1-27 所示为典型数字万用表的外形结构。从图中可以看出，数字万用表主要由液晶显示屏、按键、量程旋钮、表笔插孔以及测试附件等部分构成。下面将对各部分的功能进行介绍。

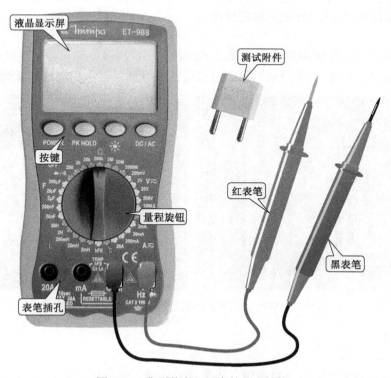

图 1-27　典型数字万用表的外形结构

（1）液晶显示屏

【图文讲解】

液晶显示屏主要用来显示检测数据、数据单位、低压警告等信息。如图 1-28 所示为数字万用表的液晶显示屏。

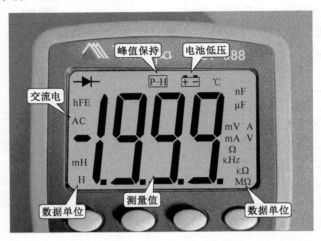

图 1-28　数字万用表的液晶显示屏

数字万用表的测量值通常位于液晶显示屏的中间，用大字符显示。数据单位位于测量值的左右两侧。若对交流电进行检测，测量值的左侧会显示"AC"标志。当按下峰值保持按键后，测量值上方显示"P-H"，提示使用者数据已锁定。当电池电量耗尽需要更换时，液晶显示屏会出现"⊡"标志，提醒使用者。

【提示】

注意数字万用表的极限参数。掌握出现过载显示、极限显示、电量耗尽指示以及其他声光报警的特征。如图 1-29 所示为数字万用表的电量耗尽指示和电池电量充足指示。

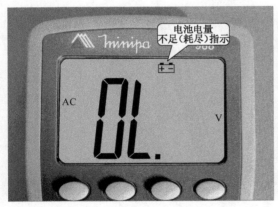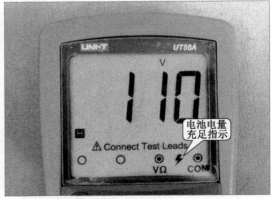

图 1-29　数字万用表的电量耗尽指示和电池电量充足指示

（2）按键

【图文讲解】

该数字万用表上设计有电源按键、峰值保持按键、背光灯按键和交/直流切换按键，如图 1-30 所示。

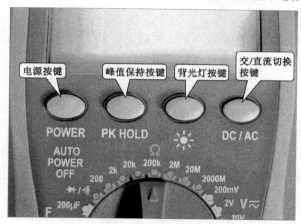

图 1-30　数字万用表上的按键

- 电源按键：电源按键周围通常标志有"POWER"，用来启动或关断数字万用表的供电电源。很多数字万用表都具有自动断电功能，长时间不使用时，万用表会自动切断电源。

- 峰值保持按键：峰值保持按键周围通常标志有"HOLD"，用来锁定某一瞬间的测量结果，方便使用者记录数据。

- 背光灯按键：按下背光灯按键后，液晶显示屏会点亮 5s，然后自动熄灭，方便使用者在黑暗环境下对测量数据进行观察。

- 交/直流切换按键：在交/直流切换按键未按下的情况下，该数字万用表是对直流电进行测量；当按下按键后，该数字万用表则是对交流电进行测量。

（3）量程旋钮

【图文讲解】

量程旋钮位于数字万用表的正中间，外围标有各种量程和功能标志，如图 1-31 所示。标志有"Ω"的区域，为欧姆挡；标有"V≂"的区域，为交/直流电压挡；标有"A≂"的区域，为交/直流电流挡；标有"L"的区域，为电感量检测挡；标有"F"的区域，为电容量检测挡。标有"▸⊦/•))）"的挡位为二极管及通断测试挡；标有"℃"的挡位为温度检测挡；标有"h_{FE}"的挡位为晶体管放大倍数检测挡；标有"10MHz"的挡位为频率检测挡。

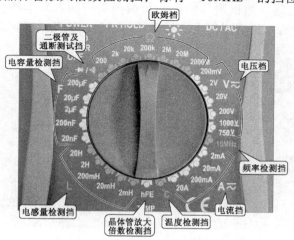

图 1-31　数字万用表上的量程旋钮

【提示】

值得注意的是，禁止在测量高压（200 V 以上）或大电流（200mA 以上）时拨动量程开关，以免产生电弧将转换开关的触点烧毁。

（4）表笔插孔

【图文讲解】

表笔插孔位于数字万用表下方，如图 1-32 所示。其中，标有"20A"的为大电流检测插孔，用来连接红表笔；标有"mA"的为低于 200 mA 电流检测插孔，此外也是测试附件和温度检测的负极输入端；标有"COM"的为公共接地插孔，主要用来连接黑表笔，此外也是测试附件和温度检测的正极输入端；标有"V Ω Hz ➡"的为电阻、电压、频率和二极管检测插孔，主要用来连接红表笔。

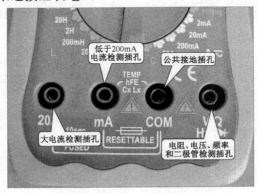

图 1-32　数字万用表的表笔插孔

通常，测量电阻、检测二极管和检查线路通断时，红表笔应接 V/Ω 插孔（或 mA. V. Ω. ➡插孔）。此时，红表笔带正电，黑表笔接 COM 插孔而带负电。这与指针万用表正好相反。因此，在检测二极管、发光二极管、晶体管、电解电容器、稳压管等有极性的元器件时，必须注意表笔的极性。

（5）测试附件

【图文讲解】

数字万用表几乎都会配有一个测试附件，测试附件实际上是检测晶体管放大倍数和电感/电容值的接口电路。测试附件的正、负极插头可插入表笔插孔中，将电感、电容或晶体三极管的引脚插入测试附件上方插孔中，调整挡位后，就可对相应的元器件进行测量。如图 1-33 所示为数字万用表的测试附件。

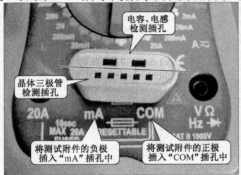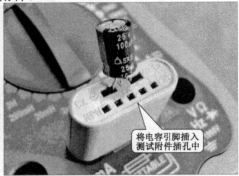

图 1-33　测试附件

技能演示 1.2.2　掌握数字万用表的使用方法

检测电压时，数字万用表与被测电路并联。检测直流电流时，数字万用表与被测电流串联，这一点与指针万用表的连接方法相同。由于数字万用表具有自动转换并显示极性的功能，可以在测量电压时不考虑表笔的极性。

1．使用数字万用表检测电阻值

数字万用表对电阻值的检测方法很简单，与指针万用表不同，不需要进行表头校正和零欧姆校正，调整挡位后直接进行检测即可。下面将对电阻值的检测方法进行介绍。

【图解演示】

对待测器件的阻值进行检测之前，先将黑表笔插到"COM"插孔中，红表笔插到"V Ω Hz ⊶"插孔中，如图 1-34 所示。

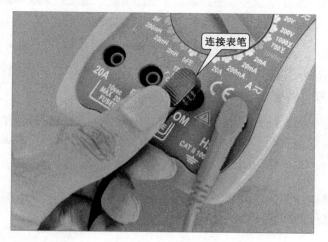

图 1-34　连接表笔

调整万用表的欧姆挡量程。例如，对色环电阻的阻值进行检测时，需要根据电阻的阻值大小选择适合量程，如图 1-35 所示。

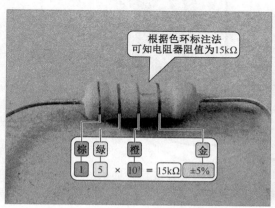

图 1-35　调整挡位

若无法估计出待测器件的阻值，可先使用最大量程进行测试，然后再使用适合量程进行检测，若量程选择过大，会使测量误差增大；若量程选择过小，就会检测不到数值。

将红、黑表笔搭在电阻器的两端，如图 1-36 所示。数字万用表液晶屏显示"15.01"，说明该电阻器实测阻值为 15.01 kΩ。

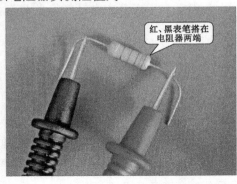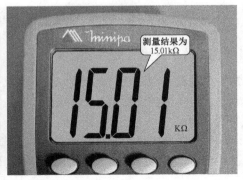

图 1-36　进行测量并读数

值得注意的是，当检测电阻值时，数字万用表的最高位显示出"1"其他位无显示字符，说明测量结果远大于量程范围，若将量程调高后，依然为"1"，说明阻值为无穷大。

2．使用数字万用表检测电压值

对直流电压进行测量是数字万用表的基本功能之一，通过对直流电压的测量可以迅速对直流供电的情况进行判断。其方法与指针万用表相同。下面将对直流电压值的检测方法进行介绍。

【图解演示】

首先根据直流电压的大小，调整万用表挡位，将黑表笔搭在待测部位负极（或接地），红表笔搭在待测部位的正极，如图 1-37 所示。

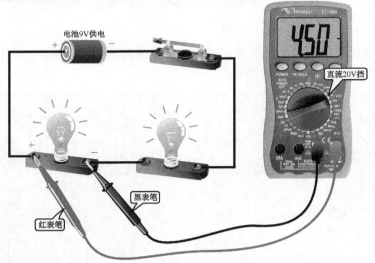

图 1-37　调整挡位和测量

直接读取数字万用表所显示的测量结果，如图 1-38 所示。液晶屏显示读数为"4.50"，那么该待测器件的直流电压值应为 4.5 V。数字万用表可以检测出直流电压的极性，当测量结果左侧出现"－"时，说明检测结果为负值，黑表笔搭接端为正极，红表笔搭接端为负极。

图 1-38　读取测量结果

【提示】

　　值得注意的是，当检测电压或电流值时，当数字万用表只在最高位显示出"1"时，需要立即停止检测，表示待测电压或电流超出当前测量挡位，需将挡位调高后再进行测量，以免损坏万用表。

　　另外，在测量高压时要注意安全，当被测电压超过几百伏时应选择单手操作测量，即先将黑表笔固定在被测电路的公共端，再用一只手持红表笔去接触测试点。当被测电压在 1000 V 以上时，必须使用高压探头（高压探头分直流和交流两种）。普通表笔及引线的绝缘性能较差，不能承受 1000 V 以上的电压。

　　数字万用表除了可对直流电压进行检测外，还可对交流电压进行检测。检测时，挡位要根据待测部位的电压值来选择交流电压挡，红、黑表笔要分别搭在交流电压端。

【图解演示】

　　如图 1-39 所示，将挡位调整到交流电压挡，红、黑表笔搭在交流电压输出端，正常情况下，数字万用表可检测到交流电压。检测交流电压时，要注意安全。

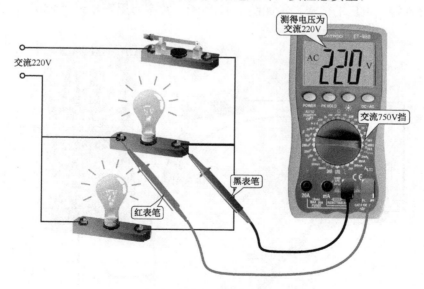

图 1-39　对交流电压进行检测

测量交流电压时，最好用黑表笔接触被测电压的零线端。

3. 使用数字万用表检测电流值

对电流进行测量也是万用表的常用检测功能，对于电流值的检测就是将万用表串联到电路中，对经过的电流大小进行测量，下面将对直流电流值的检测方法进行介绍。

【图解演示】

检测之前，先将表笔连接好，如图 1-40 所示。将黑表笔插入"COM"插孔中，当被测电流很大（200mA～20A）时，红表笔则插入"20A"插孔中，万用表量程调至"20A"电流挡；当被测电流小于 200 mA 时，红表笔则插入"mA"插孔中，量程调至"200mA"电流挡；当被测电流小于 20 mA 时，红表笔则插入"mA"插孔中，量程调至"20mA"电流挡；总之，要根据被测电流的大小进行挡位选择，在本例中，将红表笔插入"20A"插孔中，然后将万用表量程调至"20A"电流挡。

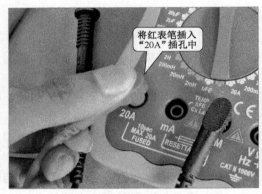

（a）被测电流大于200mA时　　　　　　　　　　（b）被测电流小于20mA时

图 1-40　连接表笔并调整电流挡

将万用表串联到电路中，即将红表笔搭在电路的正极性端（电压高端），黑表笔搭在电路的负极性端（电压的低端），如图 1-41 所示。数字万用表显示"4.50"，说明电流值为 4.5mA。

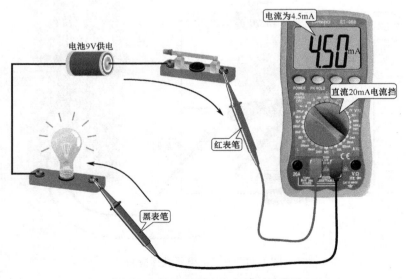

图 1-41　测量电流值并读取测量结果

若要对交流电流值进行检测，需要将挡位调至电流（A≈）挡，可进行交流电流和直流电流的检测对于有电流切换功能的数字万用表，则需要调整为交流检测模式。当被测电流源内阻很低时，应尽量选择较高的电流量程，以减少分流电阻上的压降，提高测量的准确度。

4. 使用数字万用表检测电容值

在对电容器的电容量进行检测时，使用测试附件或表笔都可进行检测，但要注意表笔的插接位置。

【图解演示】

插接好测试附件后，将量程调至"20μF"电容挡，将电容器的引脚插入测试附件中，注意正负极，如图1-42所示。数字万用表显示出"2.22μF"，说明该电容器的电容量为2.22 μF。

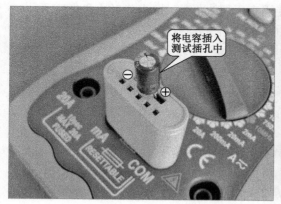
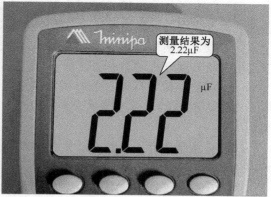

图1-42　测量电容量

5. 使用数字万用表检测晶体管放大倍数

在对晶体管的放大倍数进行检测时，需要使用测试附件进行检测，将 PNP 或 NPN 型晶体管插入对应的插孔中即可。

【图解演示】

插接好测试附件后，将量程调至晶体管放大倍数挡（h_{FE}），将 PNP 型晶体管的引脚插入测试附件中，如图 1-43 所示。数字万用表显示出"080"，说明该晶体管的放大倍数为80 倍，基本正常。

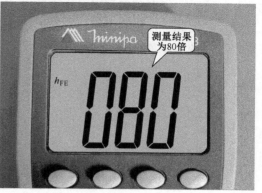

图1-43　测量晶体管放大倍数

新知讲解 1.2.3　知晓数字万用表的使用注意事项

由于数字万用表属于多功能精密电子测量仪表，应注意妥善保管，使用时要正确操作并注意安全。

（1）在使用之前，应仔细阅读数字万用表的说明书。熟悉电源电路开关、功能及量程转换开关、功能键（如读数保持键、交流/直流切换键、存储键等）、输入插口以及专用插口（如晶体管插口 h_{EF}、电容器插口 CAP 等）、仪表附件（如测温探头、高压探头、高频探头等）的作用。

（2）在测量高压时要注意安全，当被测电压超过几百伏时应选择单手操作测量，即先将黑表笔固定在被测电路的公共端，再用一只手持红表笔去接触测试点。

（3）当被测电压在 1000 V 以上时，必须使用高压探头（高压探头分直流和交流两种）。普通表笔及引线的绝缘性能较差，不能承受 1000 V 以上的电压。

（4）禁止在测量高压（200 V 以上）或大电流（200m A 以上）时拨动量程开关，以免产生电弧将转换开关的触点烧毁。

（5）测量交流电压时，最好用黑表笔接触被测电压的零线端，以消除仪表输入端对地分布电容的影响，减小测量误差。应注意人体不要触及交流 220 V 或 380 V 电源，以免触电。

（6）注意数字万用表的极限参数。掌握出现过载显示、极限显示、低电压指示以及其他声光报警的特征。

例如在测量过程中，如果 LCD 液晶显示屏的最高位显示数字为"1"，而其他位消隐，说明当前数字万用表已过载，应及时选择更高的量程再测量。

（7）在刚开始测量时，数字万用表可能会出现跳数现象，应等到 LCD 液晶显示屏上所显示的数值稳定后再读数。这样才能确保读数的正确。

（8）使用数字万用表最好采用红表笔接正极，黑表笔接负极的连接方法。检测直流电压时，数字万用表与被测电路并联。检测直流电流时，数字万用表与被测电路串联。由于数字万用表具有自动转换并显示极性的功能，可以在测量直流电压时不考虑表笔的接法。但是当被测电流源内阻很低时，应尽量选择较高的电流量程，以减少分流电阻上的压降，提高测量的准确度。

（9）测量电阻、检测二极管和检查线路通断时，红表笔应接 V/Ω 插孔（或 mA．V．Ω 插孔）。此时，红表笔带正电，黑表笔接 COM 插孔而带负电。这与指针万用表的电阻挡正好相反。因此，在检测二极管、发光二极管、晶体管、电解电容器、稳压管等有极性的元器件时，必须注意表笔的极性。

项目二
电阻器的识别与检测训练

任务模块 2.1　认识电阻器

新知讲解 2.1.1　了解电阻器的种类特点

电阻器的种类很多，有普通电阻器、水泥电阻器、熔断电阻器、排电阻器、压敏电阻器、热敏电阻器、湿敏电阻器、光敏电阻器、气敏电阻器、电位器等，在电子产品中，电阻器起着举足轻重的作用。

1. 普通电阻器

【图文讲解】

普通电阻器的电压稳定性好，造价低，在普通电子产品中应用非常广泛，如图 2-1 所示。

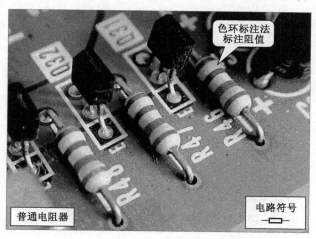

图 2-1　普通电阻器的实物外形

普通电阻器的电路符号是""，在电路中的名称标志通常为"R"。

2. 水泥电阻器

【图文讲解】

水泥电阻多为功率较大的电阻，其电阻丝同焊脚引线之间采用压接方式，外部采用陶瓷或矿物质材料包封的形式，具有良好的绝缘性能。水泥电阻器采用直接标注法标注阻值，如图 2-2 所示为水泥电阻器的实物外形。

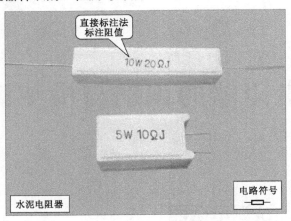

图 2-2 水泥电阻器的实物外形

水泥电阻器的电路符号是"─▭─"，在电路中的名称标志通常为"R"。水泥电阻器具有良好的绝缘性能。通常，水泥电阻主要应用在大功率电路中，当负载短路时，水泥电阻的电阻丝与焊脚间的压接处会迅速熔断，对整个电路起限流保护的作用。

3. 熔断电阻器

【图文讲解】

熔断电阻器又叫保险电阻器，是一种具有电阻器和过流保护熔断丝双重作用的元件。熔断电阻器的阻值采用色环标注的方法，如图 2-3 所示。

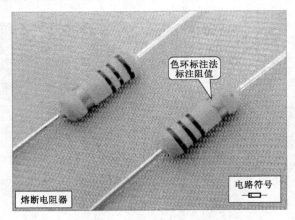

图 2-3 熔断电阻器的实物外形以及标注

在电路板或电路图中，熔断电阻器的名称标志通常为"R"，在电路中的电路符号是"─▭─"。正常情况下，熔断电阻器具有普通电阻器的电气功能，当电流过大时，熔断电阻器就会熔断从而对电路起保护作用。

4. 排电阻器

【图文讲解】

排电阻器，简称排阻，是将多个分立的电阻器按照一定规律排列集成为一个组合型电阻器，也叫集成电阻器或电阻器网络。如图 2-4 所示为排电阻器。

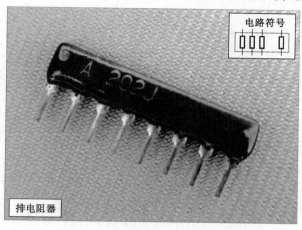

图 2-4　排电阻器的实物外形

　　排电阻器的电路符号是"　　　"，在电路中的名称标志通常为"R"。排电阻器的一端通常有圆点或缺口表示公共端，电阻器上的数字分别表示有效数字和倍乘数，该排电阻器的阻值为 $2 \times 10^2 = 200\ \Omega$。

5. 压敏电阻器

【图文讲解】

　　压敏电阻器是利用半导体材料的非线性特性的原理制成的。当外加电压施加到某一临界值时，压敏电阻器的阻值就会急剧变小，压敏电阻器采用直接标注法标注阻值，如图 2-5 所示。

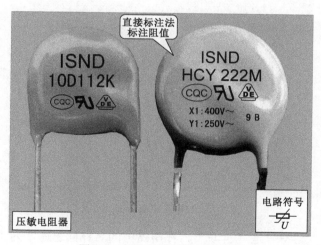

图 2-5　压敏电阻器的实物外形

　　压敏电阻器的电路符号是"　　"，在电路中的名称标志通常为"MY"。

6. 热敏电阻器

【图文讲解】

　　热敏电阻器大多由单晶、多晶半导体材料制成的，这种电阻器的阻值会随温度的变化而变化，热敏电阻器一般采用直接标注法标注阻值，其实物外形如图 2-6 所示。

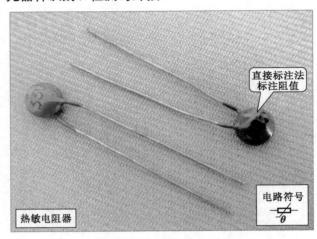

图 2-6　热敏电阻器的实物外形

热敏电阻器的电路符号是"＿＿"，在电路中的名称标志通常为"MZ"或"MF"。

7. 湿敏电阻器

【图文讲解】

湿敏电阻器的阻值特性是随着湿度的变化而变化，湿敏电阻是由感湿层（或湿敏膜）、引线电极和具有一定强度的绝缘基体组成。常用作传感器，即用于检测湿度，如图 2-7 所示为湿敏电阻器的实物外形。

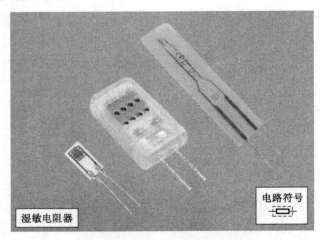

图 2-7　湿敏电阻器的实物外形

湿敏电阻器的电路符号是"＿＿"，在电路中的名称标志通常为"MS"。

8. 光敏电阻器

【图文讲解】

光敏电阻器是一种对光敏感的元件，光敏电阻器大多数是由半导体材料制成的，如图 2-8 所示为光敏电阻器的实物外形。它利用半导体的光导电特性，使电阻器的电阻值随入射光线的强弱发生变化（即当入射光线增强时，它的阻值会明显减小；当入射光线减弱时，它的阻值会显著增大）。

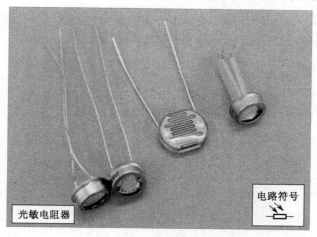

图 2-8　光敏电阻器的实物外形

　　光敏电阻器的电路符号是"　"，在电路中的名称标志通常为"MG"。光敏电阻器的种类很多，由于所用导体材料不同，又可分为单晶光敏和多晶光敏电阻器。根据光敏电阻的光谱特性，又可分为红外光光敏电阻器、可见光光敏电阻器及紫外光光敏电阻器等。

9. 气敏电阻器

【图文讲解】

　　气敏电阻器是一种新型半导体元件，这种电阻器利用金属氧化物半导体表面吸收某种气体分子时，会发生氧化反应或还原反应使电阻值改变的特性而制成，如图 2-9 所示为气敏电阻器的实物外形。

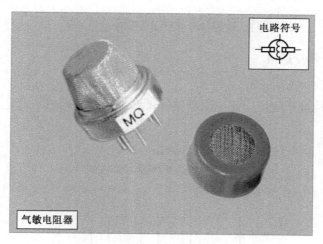

图 2-9　气敏电阻器的实物外形

　　气敏电阻器的电路符号是"　"，在电路中的名称标志通常为"MG"。

10. 电位器

【图文讲解】

　　电位器也称可调电阻器，是阻值可以变化调整的电阻器，这种电阻器有 3 个引脚，其中有两个定片引脚和一个动片引脚，还有一个调整旋钮，可以通过它改变动片，从而改变可变电阻的阻值，如图 2-10 所示为电位器的实物外形。

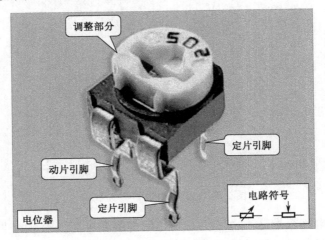

图 2-10　电位器的实物外形

可调电阻器的电路符号是"——"，在电路中的名称标志通常为"RP"。可变电阻器的阻值是可以调整的，通常包括最大阻值、最小阻值和可变阻值三个阻值参数。最大阻值和最小阻值都是可变电阻的调整旋钮旋转到极端时的阻值。最大阻值与可变电阻的标称阻值十分相近；最小阻值就是该可变电阻的最小阻值，一般为 0Ω，也有的可变电阻的最小阻值不是 0Ω；可变阻值是对可变电阻的调整旋钮进行随意的调整，然后测得的阻值，该阻值在最小阻值与最大阻值之间随调整旋钮的变化而变化。

新知讲解 2.1.2　搞清电阻器的参数标志

1. 电阻器的命名及规格

【图文讲解】

根据我国国家标准规定，固定电阻器型号命名由 4 部分构成。固定电阻器的命名规格如图 2-11 所示。

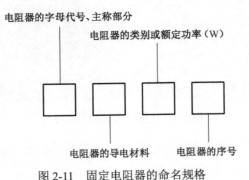

图 2-11　固定电阻器的命名规格

电阻器主称部分符号、意义对照表如表 2-1 所示。

表 2-1　电阻器主称部分符号、意义对照表

符号	意义	符号	意义
R	普通电阻	MS	湿敏电阻
MY	压敏电阻	MQ	气敏电阻
MZ	正温度系数热敏电阻	MC	磁敏电阻
MF	负温度系数热敏电阻	ML	力敏电阻
MG	光敏电阻		

电阻器导电材料符号、意义对照表如表 2-2 所示。

表 2-2　电阻材料的符号、意义对照表

符号	意义	符号	意义
H	合成碳膜	S	有机实心
I	玻璃釉膜	T	碳膜
J	金属膜	X	线绕
N	无机实心	Y	氧化膜
G	沉积膜	F	复合膜

电阻器类别符号、意义对照表如表 2-3 所示。

表 2-3　电阻器类别符号、意义对照表

符号	意义	符号	意义
1	普通	G	高功率
2	普通或阻燃	L	测量
3	超高频	T	可调
4	高阻	X	小型
5	高温	C	防潮
7	精密	Y	被釉
8	高压	B	不燃性
9	特殊（如熔断型等）		

【图文讲解】

电阻器命名规格实例如图 2-12 所示。该电阻器的命名为"RSF-3"，其中："R"表示电阻；"S"表示有机实心电阻，"F"表示复合膜电阻；"3"表示超高频电阻；因此，可以识别该电阻器为有机实心复合膜超高频电阻器。

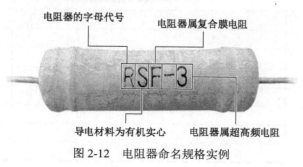

图 2-12　电阻器命名规格实例

【图文讲解】

敏感电阻器的命名规格如图 2-13 所示。敏感电阻器型号命名规格由 3 部分构成。

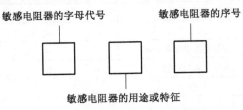

图 2-13　敏感电阻器的命名规格

2. 电阻器的标注方法

电阻器的种类很多，所用材料及功率也各不相同，标注方法也多种多样。

不同的电阻器都有不同的阻值，通常，电阻器将其阻值和相关参数通过色环标注法或直接标注法标注在电阻器的外壳上。下面，我们就具体介绍一下电阻器的标注方法。

（1）色环标注法

【图文讲解】

电阻器色 4 环标注和 5 环标注的原则如图 2-14 所示。电阻器的色标法是将电阻器的参数用不同颜色的色环或色点标注在电阻体表面上。常见的色环标注有 4 环标注和 5 环标注两种。

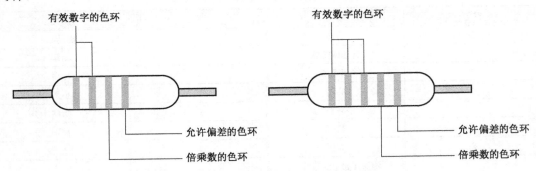

图 2-14　电阻器色 4 环标注和 5 环标注的原则

不同颜色的色环代表的意义不同，相同颜色的色环排列在不同位置上的意义也不同，具体如表 2-4 所示。

表 2-4　色标法的含义表

色环颜色	色环所处的排列位		
	有效数字	倍乘数	允许偏差（%）
银色	—	10^{-2}	±10
金色	—	10^{-1}	±5
黑色	0	10^{0}	—
棕色	1	10^{1}	±1
红色	2	10^{2}	±2
橙色	3	10^{3}	—

续表

色环颜色	色环所处的排列位		
	有效数字	倍乘数	允许偏差（%）
黄色	4	10^4	—
绿色	5	10^5	±0.5
蓝色	6	10^6	±0.25
紫色	7	10^7	±0.1
灰色	8	10^8	—
白色	9	10^9	—
无色	—	—	±20

【图文讲解】

电阻器色环标注的应用实例如图 2-15 所示。其中有 5 条色环标志的电阻器，其色环颜色依次为"橙蓝黑棕金"。"橙色"表示有效数字 3；"蓝色"表示有效数字 6；"黑色"表示有效数字 0；"棕色"表示倍乘数 10^1；"金色"表示允许偏差±5%。因此该阻值标志为 3.6kΩ±5%。

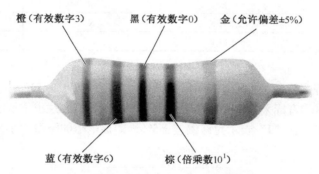

图 2-15　电阻器色环标注的应用实例

（2）直接标注法

【图文讲解】

电阻器的直接标注法是将电阻器的类别、标称电阻值及允许偏差、额定功率及其他主要参数的数值等直接标注在电阻器外表面上。根据我国国家标准规定，固定电阻器型号命名由 4 部分构成（在"电阻器的命名规格"中已经介绍），阻值由两部分构成。电阻器直接标注法的命名规格如图 2-16 所示。

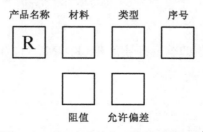

图 2-16　电阻器直接标注法的命名规格

①产品名称：用字母表示，如电阻用 R 表示；

②材料：用字母表示，表示电阻是用什么材料制作的；

③类型：一般用数字表示，个别类型用字母表示，表示电阻属于什么类型；

④序号：用数字表示，表示同类产品中不同品种，以区分产品的外形尺寸和性能指标等，有时会被省略；

⑤阻值：电阻器表面上标志的电阻值；

⑥允许偏差：用字母表示，表示电阻实际阻值与标称阻值之间允许的最大偏差范围。

如表 2-5 所示为电阻允许偏差的符号、意义对照表。

图 2-5　电阻允许偏差的符号、意义对照表

符号	意义	符号	意义
Y	±0.001%	D	±0.5%
X	±0.002%	F	±1%
E	±0.005%	G	±2%
L	±0.01%	J	±5%
P	±0.02%	K	±10%
W	±0.05%	M	±20%
B	±0.1%	N	±30%
C	±0.25%		

【图文讲解】

电阻器直标法命名实例如图 2-17 所示。该电阻的标注为"6K8J"，其中"6K8"表示阻值大小（通常电阻器的直标采用的是简略方式，也就是说，只标注出重要的信息，而不是所有的信息都被标注出来）；"J"表示允许偏差±5%，即该电阻的阻值大小为 6.8 kΩ±5%。

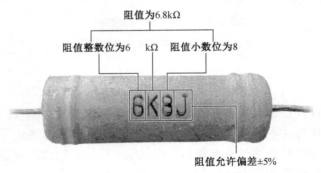

阻值为6.8kΩ

阻值整数位为6　　kΩ　　阻值小数位为8

阻值允许偏差±5%

图 2-17　电阻器直标法命名实例

【提示】

值得注意的是，标称阻值的单位符号有 R、K、M、G、T 几个符号，各自表示的意义如下：

R=Ω

K=kΩ=10^3Ω

M=MΩ=10^6Ω

G=GΩ=10^9Ω

T=TΩ=10^{12}Ω

单位符号在电阻上标注时，单位符号代替小数点进行描述。例如：

0.68Ω 的标称阻值，在电阻外壳表面上标成"R68"；

3.6Ω 的标称电阻，在电阻外壳表面上标成"3R6"；

3.6kΩ 的标称电阻，在电阻外壳表面上标成"3K6"；

3.32GΩ 的标称阻值，在电阻外壳表面上标成"3G32"。

（3）贴片电阻器的标注

在一些小型电子产品中，需采用贴片式电阻，由于贴片式电阻很小，在命名时往往采用由字母或数字组合而成的标志，常见的贴片式电阻有两种表示方法。

① 全数字标记的方法

【图文讲解】

全数字标记的方法即电阻器表面的标志文字全部为数字。如图 2-18 所示，R213 电阻器的表面标志为"220"。在这种标志方法中，前两位数字为有效数字，第三位数字则表示倍乘。也就是说，第一位和第二位的"2"表示该电阻器阻值的有效值为"22"，第三位的"0"，表示该电阻器有效值的倍乘为 10^0，因此该电阻器真实的阻值为 22 Ω（$22 \times 10^0 = 22$ Ω）。

② 数字与字母的混合标记方法

【图文讲解】

数字与字母的混合标记方法中，前两位数字则指标志电阻值的代号，而并非实际的有效值。而第三位字母则表示有效阻值的倍乘数。如图 2-19 所示，电阻器表面标志为"22A"中的"22"对应电阻器的有效值为 165，"A"则对应倍乘为 10^0，因此该电阻器真实的阻值为 165 Ω（$165 \times 10^0 = 165$ Ω）。

有效数字为22　乘倍数0表示乘以10^0

图 2-18　全数字标注形式

标志电阻值的代号22　乘倍数A
表示对应的阻值为165　表示乘以10^0

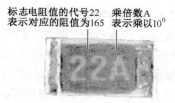

图 2-19　数字与字母混合标注形式

【资料链接】

如表 2-6 所示为数字与字母混合标记中前两位数字标志所对应的电阻有效值不同代码表示的有效数字。

表 2-6　数字与字母混合标记中前两位数字标志所对应的电阻有效值不同代码表示的有效数字

代码	01	02	03	04	05	06	07	08	09	10
数值	100	102	105	107	110	113	115	118	121	124
代码	11	12	13	14	15	16	17	18	19	20
数值	127	130	133	137	140	143	147	150	154	158
代码	21	22	23	24	25	26	27	28	29	30
数值	162	165	169	174	178	182	187	191	196	200
代码	31	32	33	34	35	36	37	38	39	40
数值	205	210	215	221	226	232	237	243	249	255

续表

代码	41	42	43	44	45	46	47	48	49	50
数值	261	267	274	280	287	294	301	309	316	324
代码	51	52	53	54	55	56	57	58	59	60
数值	332	340	348	357	365	374	383	392	402	412
代码	61	62	63	64	65	66	67	68	69	70
数值	422	432	442	453	464	475	487	499	511	523
代码	71	72	73	74	75	76	77	78	79	80
数值	536	549	562	576	590	604	619	634	649	665
代码	81	82	83	84	85	86	87	88	89	90
数值	681	698	715	732	750	768	787	806	852	845
代码	91	92	93	94	95	96				
数值	866	887	909	931	953	976				

如表 2-7 所示为字母与倍乘的对应关系。

表 2-7 字母与倍乘的对应关系

代码字母	A	B	C	D	E	F	G	H	X	Y	Z
倍乘	10^0	10^1	10^2	10^3	10^4	10^5	10^6	10^7	10^{-1}	10^{-2}	10^{-3}

3. 电阻器的主要参数

电阻器在电路中用字母"R"表示。电阻的度量单位是欧姆,用字母"Ω"表示。并且规定电阻两端加 1 伏特电压,通过它的电流为 1 安培时,定义该电阻器的阻值为 1 欧姆(记为 1 Ω)。实际应用中还有千欧(用"kΩ"表示)单位和兆欧(用"MΩ"表示)单位,它们之间的换算关系是 $1MΩ=10^3 kΩ=10^6 Ω$。

电阻的主要参数有标称值、阻值误差及额定功率。

(1)标称阻值

标称阻值是指电阻体表面上标志的电阻值,其单位为 Ω(对热敏电阻器,则指 25℃时的阻值)。

(2)允许偏差

电阻器的允许偏差是指电阻器的实际阻值对于标称阻值所允许的最大偏差范围,它标志着电阻器的阻值精度。

(3)额定功率

额定功率是指电阻器在直流或交流电路中,当在一定大气压力下(87~107 kPa)和在产品标准中规定的温度下(-55~125℃不等),长期连续工作所允许承受的最大功率。

(4)温度系数

电阻器的温度系数是表示电阻器热稳定性随温度变化的物理量。电阻器温度系数越大,其热稳定性越差。温度系数用 α_T 表示,它表示温度每升高 1℃电阻值的相对变化量,即

$$\alpha_T = \frac{R_T - R_0}{R_0(T - T_0)} \times 10^{-6}$$

式中　R_0——常温下的电阻；

　　　R_T——温度变化后的阻值；

　　　T——常温温度值（20～25℃）；

　　　T_0——变化后的温度值。

（5）电压系数

电阻器的阻值与其所加的电压有关，这种关系可以用电压系数（K_V）表示出来。电压系数是指外加电压每改变 1V 时电阻器的阻值相对变化量，即

$$K_V = \frac{R_2 - R_1}{R_1(V_2 - V_1)} \times 100\%$$

式中　V_2、V_1——外加电压（V）；

　　　R_2、R_1——V_2 和 V_1 相应的电阻值（Ω）。

电压系数表示了电阻器对外加电压的稳定程度。电压系数越大，电阻器的阻值对电压的依赖性越强；反之则弱。

（6）最大工作电压

电阻器的最大工作电压是指电阻器长期工作不发生过热或电击穿损坏等现象的电压。从电阻器的发热状态来考虑，允许加到电阻器两端的最大电压数值等于它的额定电压 $V_{额}$，即

$$V_{额} = \sqrt{P_{额} \cdot R_{额}}$$

式中　$P_{额}$——额定功率（W）；

　　　$R_{额}$——标称阻值（Ω）。

（7）老化系数

电阻器在额定功率长期负荷下，阻值相对变化的百分数，它是表示电阻器寿命长短的参数。

（8）噪声

产生于电阻器中的一种不规则的电压起伏，包括热噪声和电流噪声两部分，热噪声是由于导体内部不规则的电子自由运动，使导体任意两点的电压不规则变化。

新知讲解 2.1.3　知晓电阻器的功能特点

电阻器在电子产品中的应用十分广泛，它的电路符号是"—▭—"，用字母"R"表示。它是电子产品中最基本、最常用的电子元件之一。

电阻器利用其自身对电流的阻碍作用，具有限流功能，可为其他电子元器件提供所需的电流，电阻器可以组成分压电路为其他电子元器件提供所需的电压。此外，电阻器也可以与电容器组合构成滤波电路以减少供电电压的波动。

电阻器主要由具有一定阻值的材料构成，外部由绝缘层包裹。电阻器两端的引线用来与电路板进行焊接。为了便于识别，在绝缘层上标注了该电阻器的阻值。通常，电阻的阻值有直标法和色环标注法两种。

【图文讲解】

电阻器最主要的特性是阻碍电流的流动。利用这一特性，电阻器可以实现限流和分压的功能，电阻器的限流功能如图 2-20 所示。

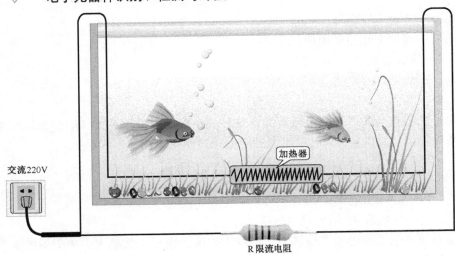

图 2-20　电阻器的限流功能

　　这是一个简单的鱼缸加热器电路，在该电路中串联了一个电阻。这个电阻在电路中起限流的作用，从而有效确保加热器上流过的电流不会超过加热器的额定电流。

1. 电阻器构成的分压电路

　　电流流过电阻会在电阻上产生电压降，将电阻串联起来接在电路中就可以组成分压电路，为其他电子元件提供所需要的电压。

【图文讲解】

　　电阻分压电路为晶体管基极提供电压，如图 2-21 所示。将两个电阻串联起来组成分压电路为晶体管的基极提供基极偏压，使该电路构成一个典型的交流放大器。

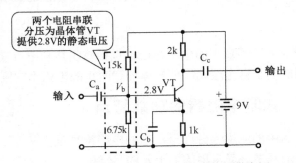

图 2-21　电阻分压电路为晶体管基极提供电压

　　可以看到，该电路的电源供电是 9 V，放大器中晶体管的基极需要一个 2.8 V 的电压，使用两个电阻串联很容易获得这个电压。

　　该电路是一个共射极放大电路，其输入信号是加到基极和发射极之间，而输出信号取自集电极和发射极之间，发射极（交流）为输入、输出的公共端。

2. 电阻器与电容器组成滤波电路

【图文讲解】

　　发光二极管显示供电电路如图 2-22 所示。交流 220 V 电压经变压器变成 6 V 交流电压，再经整流二极管整流成直流电压，直流电压是波动较大的电压。在整流二极管的输出端接上一个电阻和两个电解电容 C_1、C_2，就可以起到滤波的作用，可以使直流电压的波动减小。同时，电阻还可以起到限流的作用，为发光二极管提供适当的供电电流。

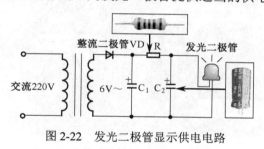

图 2-22　发光二极管显示供电电路

任务模块 2.2　掌握电阻器的检测方法

技能演示 2.2.1　普通电阻器的检测训练

如图 2-23 所示为待测的普通电阻器的实物外形。根据电阻器上的色环标注或直接标注，便能读出该电阻器的阻值。可以看到，该电阻器是采用色环标注法。色环从左向右依次为"红"、"黄"、"棕"、"金"。根据前面所学的知识可以识读出该电阻器的阻值为 240Ω，允许偏差为 ±5%。

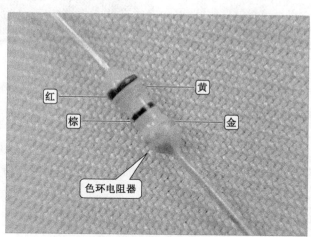

图 2-23　待测的普通电阻器的实物外形

在检测电阻器时，可以采用万用表检测其电阻阻值的方法判断其好坏。

【图解演示】

将万用表的量程调整至欧姆挡，并将其挡位调整至"×10"欧姆挡后，旋转调零旋钮，进行调零校正，如图 2-24 所示。

将万用表的红、黑表笔分别搭在待测电阻器的两引脚上，观察万用表的读数，如图 2-25 所示。

图 2-24　万用表的零欧姆校正

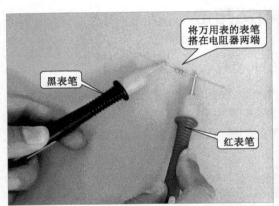

图 2-25　普通电阻器的检测方法

若测得的阻值与标称值相符或相近，则表明该电阻器正常，若测得的阻值与标称值相差过多，则该电阻器可能已损坏。

【提示】

值得注意的是，无论是使用指针万用表还是使用数字万用表，在设置量程时，要尽量选择与测量值相近的量程以保证测量值准确。如果设置的量程范围与待测值之间相差过大，则不容易测出准确值。这在测量时要特别注意。

技能演示 2.2.2　水泥电阻器的检测训练

对水泥电阻器进行检测，要观察待测电阻器的数字标志，根据数字标志可以识读出该电阻器的阻值为 1.2Ω，允许偏差为±5% 。

【图解演示】

使用万用表对该电阻器进行检测，首先将万用表的电源开关打开，根据电阻器的阻值，将万用表调至"200"欧姆挡，如图 2-26 所示。

应当将万用表的红黑表笔分别搭载待测电阻器两端的引脚上，观察万用表的读数为 1.3Ω，如图 2-27 所示。

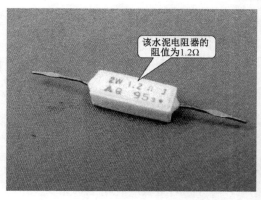

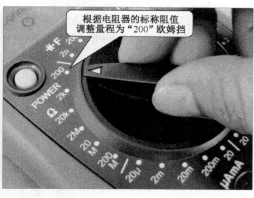

图 2-26　调整万用表的量程

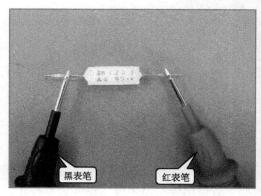

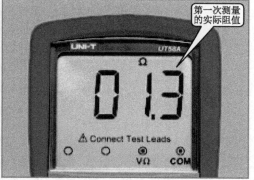

图 2-27　第一次测量水泥电阻器

交换万用表的表笔，再次检测以确保结果的准确性，万用表的读数为 1.3 Ω，如图 2-28 所示。

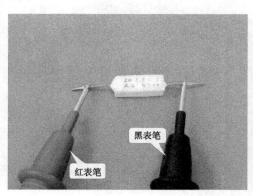

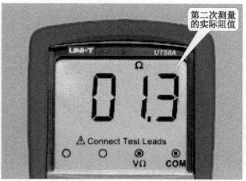

图 2-28　第二次测量水泥电阻器

经过两次检测该电阻器的阻值与自身标志的阻值相近（在允许误差范围内），说明该电阻器正常。

技能演示 2.2.3　熔断电阻器的检测训练

熔断电阻器的阻值一般都很小，但一般情况下不会出现短路的故障。若采用在路检测的阻值为无穷大，可以断定该电阻已熔断。

采用开路法检测熔断电阻器，可以通过测量阻值来判别好坏。如图 2-29 所示，为色环标志为"棕、黑、黑、金"的熔断电阻器，通过色环标志得知，该色环电阻的标称值为"10Ω"，允许偏差为"±5%"。

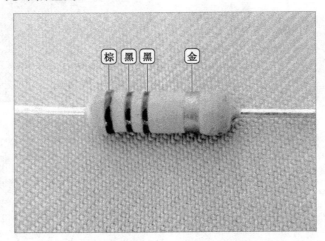

图 2-29 待测的熔断电阻器

【图解演示】

将万用表量程调至欧姆挡，根据电阻的标称阻值选择合适的量程，将数字万用表调到"200"欧姆挡，模拟万用表调到"×1 k"欧姆挡。若使用模拟万用表，需要调零校正。将万用表的红、黑表笔分别搭在电阻两端引脚上，如图 2-30 所示，观察万用表，并记录测量到的熔断电阻的阻值 R。

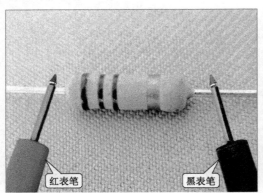
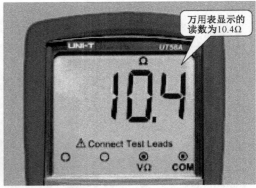

图 2-30 熔断电阻器的测量方法

根据测量的阻值 R，判断检测结果如下：若 R 等于或十分接近标称阻值，可以断定该电阻正常；若 R 为无穷大，可以断定该电阻已熔断；若 R 远大于标称阻值，可以断定该电阻已损坏。

技能演示 2.2.4　压敏电阻器的检测

观察压敏电阻器，表面没有阻值标志，一般将万用表调至最大量程，将万用表调至"20 k"欧姆挡，如图 2-31 所示。

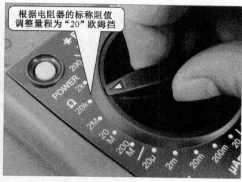

图 2-31　调至万用表的最大量程

【图解演示】

将红黑表笔搭在该电阻器的左右两端对其进行检测，观察万用表，此时万用表显示读数为 $R1$：无穷大，如图 2-32 所示。

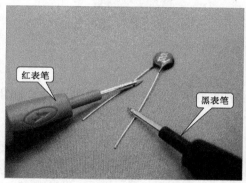
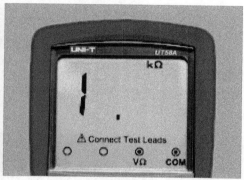

图 2-32　第一次检测压敏电阻器

调换红黑表笔继续进行测量。观察万用表，此时万用表显示读数为 $R2$：无穷大，如图 2-33 所示。

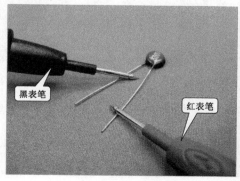
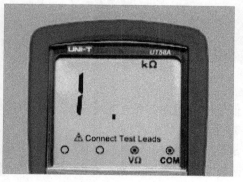

图 2-33　第二次检测压敏电阻器

【提示】

值得注意的是，压敏电阻器的电阻值都很大，如阻值较小则表明该电阻器可能已损坏。

技能演示 2.2.5　热敏电阻器的检测

由于热敏电阻器的特点是当外界温度变化时，热敏电阻器的阻值也会随之变化。因此，为了能够更好地观察测量结果，应注意测试的环境温度。待测的热敏电阻器实物外形如图 2-34 所示。

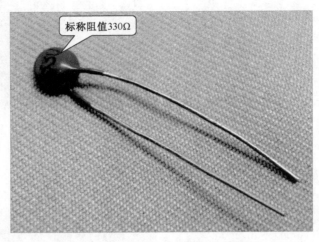

图 2-34　待测热敏电阻器的实物外形

【图解演示】

将万用表的红、黑表笔分别搭在热敏电阻的两引脚上，观察万用表的读数，如图 2-35 所示。

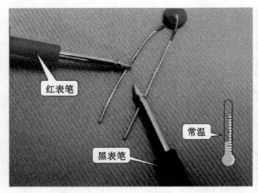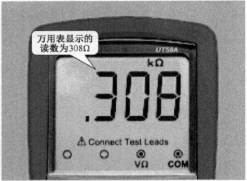

图 2-35　对常温下热敏电阻的检测

使用吹风机对热敏电阻进行加热，万用表的红、黑表笔不动，观察万用表的读数，如图 2-36 所示。

常温下，热敏电阻器的阻值为 308Ω，正常；加热条件下，万用表随温度的变化而减小，表明热敏电阻器基本正常；若温度变化，阻值不变，则说明该热敏电阻器性能不良。

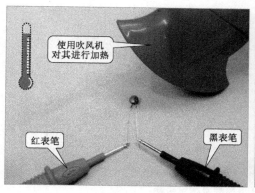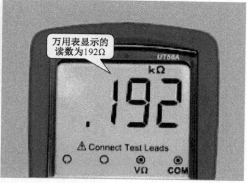

图 2-36　加热状态下热敏电阻的检测

【提示】

值得注意的是，热敏电阻器随着温度的升高，以及阻值变化趋势的不同，可分为正温度系数热敏电阻器和负温度系数热敏电阻器两种：热敏电阻器的阻值随温度的升高而增大称为正温度系数热敏电阻器（FTC）；阻值随温度的升高而降低称为负温度系数热敏电阻器（NTC）。

技能演示 2.2.6　湿敏电阻器的检测

如图 2-37 所示为待测湿敏电阻器的实物外形。

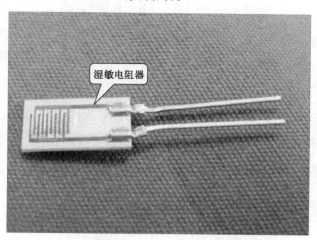

图 2-37　待测湿敏电阻器的实物外形

【图解演示】

将万用表的红、黑表笔分别搭在湿敏电阻器的两引脚上，并观察万用表的读数，如图 2-38 所示。

万用表的量程和两表笔位置不变，用蘸水的棉签放在湿敏电阻器的表面来增大湿敏电阻器的湿度，观察万用表读数，如图 2-39 所示。

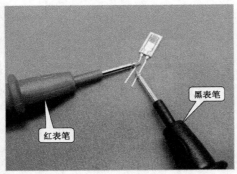
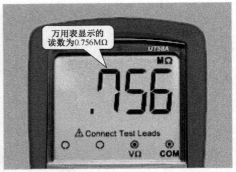

图 2-38　正常湿度下检测湿敏电阻器

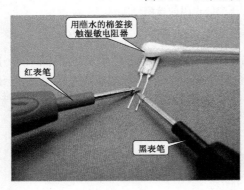
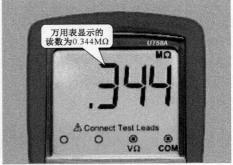

图 2-39　潮湿条件下检测湿敏电阻器

正常湿度下，湿敏电阻器的阻值为 756 kΩ，当湿度增大时，其阻值为 344 kΩ，表明湿敏电阻器基本正常；若湿度变化，阻值不变，则说明该湿敏电阻器性能不良。

【提示】

值得注意的是，湿敏电阻器随着湿度的增大，以及阻值变化趋势的不同，可分为正湿度系数湿敏电阻器和负湿度系数湿敏电阻器两种：湿敏电阻器的阻值随湿度的增大而增大称为正湿度系数湿敏电阻器；阻值随湿度的增大而降低称为负湿度系数湿敏电阻器。

技能演示 2.2.7　电位器的检测

如图 2-40 所示为待测电位器的实物外形。

图 2-40　待测电位器的实物外形

【图解演示】

　　将万用表的量程调至"2kΩ"欧姆挡，将万用表红、黑表笔分别搭在电位器的两定片引脚上，并调整旋钮，如图2-41所示。

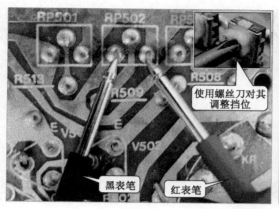

图2-41　检测电位器的最大阻值

　　万用表的量程不变，将万用表的红、黑表笔分别搭在电位器的动片和定片引脚上，并调整旋钮，如图2-42所示。

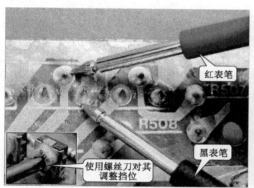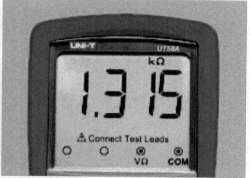

图2-42　电位器的检测方法

　　正常情况下，测得电位器的定片与定片之间的阻值最大，检测动片与定片之间阻值时，其阻值不固定，若检测动片与定片之间阻值时，调整旋钮，阻值没有变化，说明该可变电阻器已损坏。

电容器的识别与检测训练

任务模块 3.1　认识电容器

新知讲解 3.1.1　了解电容器的种类特点

电容器的种类很多，有纸介电容器、瓷介电容器、云母电容器、涤纶电容器、玻璃釉电容器、聚苯乙烯电容器、铝电解电容器、钽电解电容器、微调电容器、单/双/四联可变电容器等。电容器在电子产品中的应用十分广泛，它的电路符号是"┬"，用字母"C"表示。

1. 纸介电容器

【图文讲解】

如图 3-1 所示为纸介电容器的实物外形。这种电容器的价格低、体积大、损耗大且稳定性较差。由于存在较大的固有电感，不宜在频率较高的电路中使用，常用于电动机启动电路中。

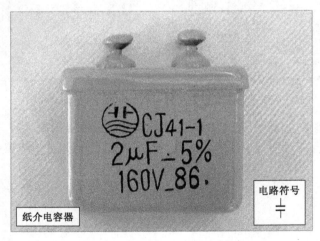

图 3-1　纸介电容器的实物外形

纸介电容器的电路符号是"┤├"，在电路中的名称标志通常为"C"。

2. 瓷介电容器

【图文讲解】

瓷介电容器是以陶瓷材料作为介质，在其外层常涂以各种颜色的保护漆，并在陶瓷片上覆银制成电极，如图 3-2 所示为瓷介电容器的实物外形。

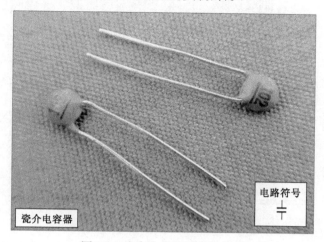

图 3-2　瓷介电容器的实物外形

瓷介电容器的电路符号是"—||—"，在电路中的名称标志通常为"C"。这种电容器的损耗较少，稳定性好，且耐高温高压。

3．云母电容器

【图文讲解】

云母电容器是以云母作为介质的电容器。如图 3-3 所示为云母电容器。云母电容器的可靠性高，频率特性好，适用于高频电路。

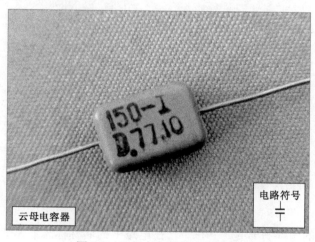

图 3-3　云母电容器的实物外形

云母电容器的电路符号是"—||—"，在电路中的名称标志通常为"C"。

4．涤纶电容器

【图文讲解】

涤纶电容器采用涤纶薄膜为介质的电容器。如图 3-4 所示为涤纶电容器。涤纶电容器的成本较低，耐热、耐压和耐潮湿的性能都很好，但稳定性较差，适用于稳定性要求不高的电路中。

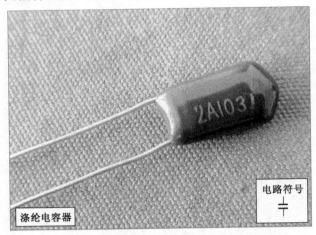

图 3-4 涤纶电容器的实物外形

涤纶电容器的电路符号是"⊣⊢",在电路中的名称标志通常为"C"。

5.玻璃釉电容器

【图文讲解】

玻璃釉电容器使用的介质一般是玻璃釉粉压制的薄片,如图 3-5 所示,通过调整釉粉的比例,可以得到不同性能的电容器。

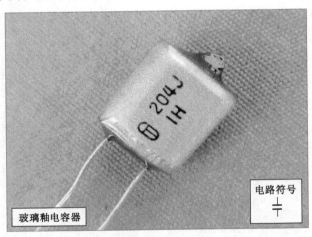

图 3-5 玻璃釉电容器的实物外形

玻璃釉电容器的电路符号是"⊣⊢",在电路中的名称标志通常为"C"。这种电容器介电系数大、耐高温、抗潮湿性强,损耗低。

值得注意的是,介电系数又称介质系数(常数),或称电容率。它是表示绝缘能力特性的一个系数,以字母 ε 表示,单位为"法/米"。

6.聚苯乙烯电容器

【图文讲解】

聚苯乙烯电容器是以非极性的聚苯乙烯薄膜为介质制成的电容器。如图 3-6 所示为聚苯乙烯电容器。

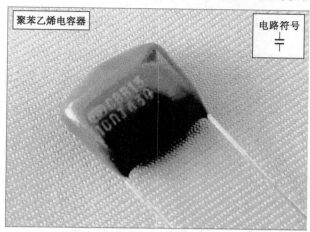

图 3-6 聚苯乙烯电容器的实物外形

聚苯乙烯电容器的电路符号是"⊣⊢"，在电路中的名称标志通常为"C"。这种电容器成本低、损耗小，充电后的电荷量能保持较长时间不变。

7. 铝电解电容器

【图文讲解】

铝电解电容器是一种有极性液体电解质电容器，它的负极为铝圆筒，壳内为浸入液体电解质的弯曲铝带，如图 3-7 所示为铝电解电容器的实物外形。

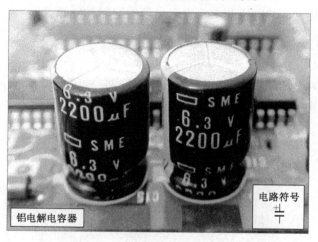

图 3-7 铝电解电容器的实物外形

铝电解电容器的电路符号是"⊥⊤"，在电路中的名称标志通常为"C"。铝电解电容器体积小，容量大，与无极性电容器相比绝缘电阻低，漏电流大，频率特性差，容量和损耗会随周围环境和时间的变化而变化，特别是在温度过低或过高的情况下，且长时间不用还会失效。因此，铝电解电容器仅限于低频、低压电路。

8. 钽电解电容器

【图文讲解】

钽电解电容器也是有极性电容器，它采用金属钽作为阳极材料制成的电容器，如图 3-8

所示为钽电解电容器的实物外形。

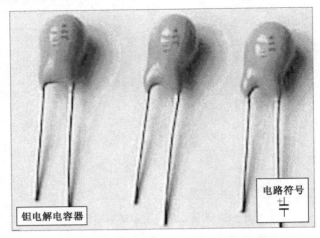

图 3-8　钽电解电容器的实物外形

钽电解电容器的电路符号是"⊥̄"，在电路中的名称标志通常为"C"。钽电解电容器的温度特性、频率特性和可靠性都较铝电解电容器好，特别是它的漏电流极小，电荷储存能力好，寿命长，误差小，但价格昂贵，通常用于高精密的电子电路中。

值得注意的是，当电容器加上直流电压时，由于电容介质的材料为电解质，因此电容器就会有漏电流产生，若漏电流过大，电容器就会发热烧坏。通常，电解电容器的漏电流会比其他类型电容器大，故常用漏电流表示电解电容器的绝缘性能。

9. 微调电容器

【图文讲解】

微调电容器又叫半可调电容器，这种电容器的容量较固定电容器小，如图 3-9 所示为微调电容器的实物外形。

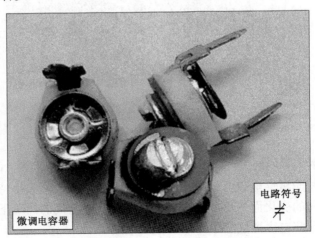

图 3-9　微调电容器的实物外形

微调电容器的电路符号是"⊅"，在电路中的名称标志通常为"C"。常见的有瓷介微调电容器、管型微调电容器（拉线微调电容器）、云母微调电容器和薄膜微调电容器等。

这种电容器主要由于调谐电路中。

10. 单/双/多联可变电容器

电容量可以调整的电容器被称为可变电容器。这种电容器主要用于接收电路中选择信号（调谐）。可变电容器按介质的不同可以分为空气介质和有机薄膜介质两种。按照结构的不同又可分为单联可变电容器、双联可变电容器和四联可变电容器。

（1）单联可变电容器

【图文讲解】

单联可变电容器的内部只有一个可调电容器。如图 3-10 所示为单联可变电容器的实物外形。

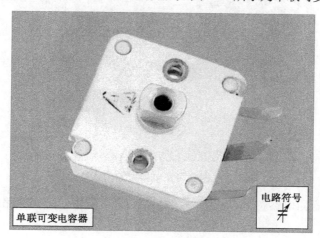

图 3-10　单联可变电容器的实物外形

单联电容器的电路符号是"￦"，在电路中的名称标志通常为"C"。

（2）双联可变电容器

【图文讲解】

双联可变电容器是由两个可变电容器组合而成的。它具有一个转轴可进行同步调整，如图 3-11 所示为双联可变电容器的实物外形。

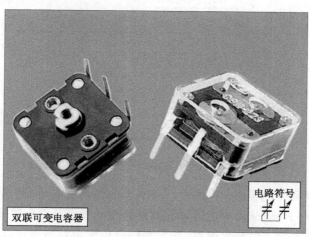

图 3-11　双联可变电容器的实物外形

双联可变电容器的电路符号是"⊥⊥"，在电路中的名称标志通常为"C"。

（3）四联可变电容器

【图文讲解】

这种电容器的内部包含4四个可变电容器，它具有一个转轴，可对四个电容进行同步调整如图3-12所示为四联可变电容器的实物外形。

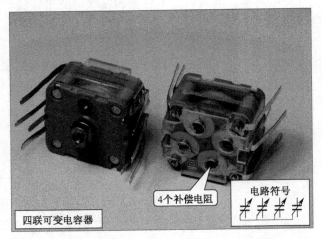

图3-12　四联可变电容器的实物外形

四联可变电容器的电路符号是"⊥⊥⊥⊥"或"⊥…⊥"，在电路中的名称标志通常为"C"。

【提示】

值得注意的是，通常，对于单联可变电容器、双联可变电容器和四联可变电容器的识别可以通过引脚和背部补偿电容的数量来判别。以双联电容器为例，如图3-13所示为双联可变电容器的内部电路结构示意图。

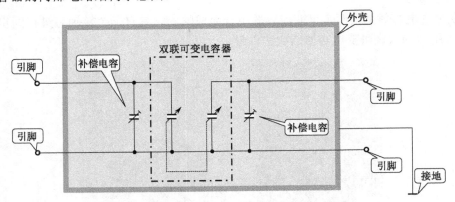

图3-13　双联可变电容器的内部电路结构示意图

可以看出，双联可变电容器中的两个可变电容器都各自附带一个补偿电容，该补偿电容可以单独微调。我们一般从可变电容器的背部都可以看到补偿电容器。因此，如果是双联可变电容器则可以看到2个补偿电容，如果是四联可变电容器则可以看到4个补偿电容，而单联可变电容器则只有1个补偿电容。另外，值得注意的是，由于生产工艺的不同，可变电容器的引脚数也并不完全统一。通常，单联可变电容器的引脚数一般为 2~3 个（两个引脚加一个接地端），双联电容器的引脚数不超过 7 个，四联电容器的引脚数为 7~9 个。这些引脚除了可变电容的引脚外，其余的引脚都为接地引脚以方便与电路进行连接。

新知讲解 3.1.2 搞清电容器的参数标志

1. 电容器的命名及规格

电容器的容量值通常使用直标法，就是通过一些代码符号将电容的容量值及主要参数等标志在电容器的外壳上。

【图文讲解】

根据我国国家标准的规定，电容器型号命名由 4 个部分构成，容量值由 2 个部分构成，如图 3-14 所示为电容器直标法命名规格。

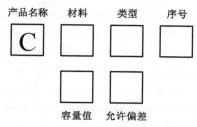

图 3-14 电容器直标法命名规格

① 产品名称：用字母表示，如电容器用 C 表示；

② 材料：用字母表示，表示电容器使用什么材料制成的；

③ 类型：用字母或数字表示，表示电容器属于哪种类型；

④ 序号：用数字表示，表示同类产品中不同品种，以区分产品的外型尺寸和性能指标等，有时会被省略；

⑤ 容量值：电容器表面上标志的电容值；

⑥ 允许偏差：用字母表示，表示电容实际容量值与标称容量值之间允许的最大偏差范围。

材料、符号、意义对照表如表 3-1 所示。

表 3-1 电容器材料的符号、意义对照表

符号	材料	符号	材料
A	钽电解	L	聚酯等极性有机薄膜
B	聚苯乙烯等非极性有机薄膜	N	铌电解
C	高频陶瓷	O	玻璃膜
D	铝，铝电解	Q	漆膜
E	其他材料	T	低频陶瓷
G	合金	V	云母纸
H	纸膜复合	Y	云母
I	玻璃釉	Z	纸介
J	金属化纸介		

类型、符号、意义对照表如表 3-2 所示。

表 3-2　电容器类型的符号、意义对照表

符号	类别			
G	高功率型			
J	金属化型			
Y	高压型			
W	微调型			
数字	瓷介电容	云母电容	有机电容	电解电容
1	圆形	非密封	非密封	箔式
2	管形	非密封	非密封	箔式
3	叠片	密封	密封	烧结粉　非固体
4	独石	密封	密封	烧结粉　固体
5	穿心		穿心	
6	支柱等			
7				无极性
8	高压	高压	高压	
9			特殊	特殊

允许偏差的符号、意义如表 3-3 所示。

表 3-3　电容器允许偏差的符号、意义对照表

符号	意义	符号	意义
Y	±0.001%	N	±30%
X	±0.002%	H	+100%
E	±0.005%		-0%
L	±0.01%	R	+100%
P	±0.02%		-10%
W	±0.05%	T	+50%
B	±0.1%		-10%
C	±0.25%	Q	+30%
D	±0.5%		-10%
F	±1%	S	+50%
G	±2%		-20%
J	±5%	Z	+80%
K	±10%		-20%
M	±20%		

2．电容器的标注方法

下面，我们具体看一下电容器的标注方法。在实际电容器表面，也可以找到与电子电路图中对应的标志信息，通常标志有电容器的电容量，有极性的电容器还标有负极性。下面选取典型电容器分别介绍电容器实物的标志方法。

电容器的容量值标法通常使用直标法，就是通过一些代码符号将电容的容量值及主要

参数等标志在电容器的外壳上。根据我国国家标准的规定，电容器型号命名由 4 部分构成，容量值由 2 部分构成。下面分别介绍无极性电容器和有极性电容器的标注方法。

（1）无极性电容器的标注

【图文讲解】

无极性电容器的标注实例如图 3-15 所示。该电容器的标注为"CZJD 1μF±10 % 400 V 80.4"。其中："C"表示电容；"Z"表示纸介电容；"J"表示金属化电容；"D"表示铝材质；"1μF"表示电容量值大小；"±10%"表示电容允许偏差。因此该电容标志为：金属化纸介铝电容，电容量为 1μF±10%，"400 V"就表示该电容的额定电压。

图 3-15 无极性电容器的标注实例

通常电容器的直标采用的是简略方式，只标志出重要的信息，并不是所有的信息都被标志出来。而有些电容还会标志出其他参数如额定工作电压。

（2）有极性电容器的标注

【图文讲解】

有极性的电容器的标注实例如图 3-16 所示。该电容标志为"2200μF 25 V +85℃M CE"。其中："2200 μF"表示电容量大小；"25 V"表示电容的额定工作电压；"+85℃"表示电容器正常工作的温度范围；"M"表示允许偏差为±20 %；"C"表示电容；"E"表示其他材料电解电容。所以该电容标志为：其他材料电解电容，大小为 2200 μF，正常工作温度不超过+85 ℃。由于电容器直标法采用的是简略方式，因此只标志出重要的信息，有些则被省略。

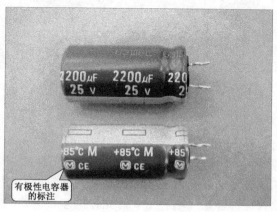

图 3-16 有极性电容器的标注实例

【资料链接】

对于有极性电容器来说，由于引脚有极性之分，为确保安装正确，有极性电容器除了标注出该电容器的相关参数外，而且对电容器引脚的极性也标注了极性。如图 3-17 所示，电容器外壳上标注有"－"的引脚为负极性引脚，用以连接电路的低电位。

有些电解电容从引脚的长短也可以进行判别。如图 3-18 所示，引脚相对较长的为正极性引脚。

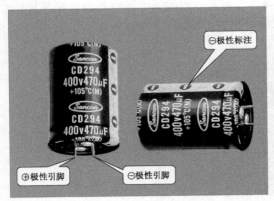

图 3-17　直接标注法识别电容器极性　　　　图 3-18　引脚长短法识别电容器极性

此外，如图 3-19 所示，许多贴片式有极性电容器在顶端和底部也都通过不同的方式进行标注。从顶端标记进行识别时，带有颜色标记的一侧引脚为负极性引脚。如果从底部进行识别，有缺口的一侧为正极性引脚，没有缺口的一侧为负极性引脚。

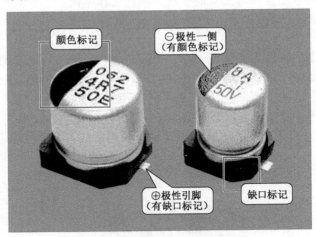

图 3-19　顶端和底端标志法识别电容器极性

3. 电容器的主要参数

电容器在电路中用字母"C"表示。度量电容量大小的单位是"法拉"，简称"法"，用字母"F"表示。但实际中使用更多的是"微法"（用"μF"表示）、"纳法"（用"nF"表示）或皮法（用"pF"表示）。它们之间的换算关系是：$1\ F = 10^6\ μF = 10^9\ nF = 10^{12}\ pF$。

电容器的主要参数有标称容量（电容量）、允许偏差、额定工作电压、绝缘电阻、温度系数及频率特性。

（1）标称容量

电容器的标称电容量是指加上电压后储存电荷的能力大小。相同电压下，储存电荷越多，则电容的电容量越大。

（2）允许偏差

电容器的实际容量与标称容量存在一定偏差，电容器的标称容量与实际容量的允许最大偏差范围，称作电容量的允许偏差。电容器的允许偏差可以分为 3 个等级：Ⅰ级，即偏差±5%以下的电容；Ⅱ级，即偏差±5 %～±10 %的电容；Ⅲ级，即偏差±20 %以上的电容。

（3）额定工作电压

额定工作电压是指电容器在规定的温度范围内，能够连续可靠工作的最高电压，有时又分为额定直流工作电压和额定交流工作电压（有效值）。

额定电压是一个参考数值，在实际使用中如果工作电压大于电容器的额定电压，电容器就易损坏，呈被击穿状态。

（4）绝缘电阻

电容器的绝缘电阻等于加在电容器两端的电压与通过电容器的漏电流的比值。电容器的绝缘电阻与电容器的介质材料和面积、引线的材料和长短、制造工艺、温度和湿度等因素有关。对于同一种介质的电容器，电容量越大，绝缘电阻越小。

如果是电解电容，常通过介电系数来表现电容器的绝缘能力特性。

（5）温度系数

温度系数是指在一定温度范围内，温度每变化 1℃电容量的相对变化值。电容器的温度系数用字母 α_c 表示，主要与电容器的结构和介质材料的温度特性等因素有关。

温度系数有正、负之分，正温度系数表明电容量随温度升高而增大；负温度系数则是随温度升高而电容量下降。在使用中，无论是正温度系数还是负温度系数，都是越小越好。

（6）频率特性

频率特性是指电容器在交流电路或高频电路的工作状态下，其电容量等参数随电场频率的变化而变化的性质。

新知讲解 3.1.3　知晓电容器的功能特点

电容器在电子产品中的应用十分广泛，它的电路符号是"┤├"，用字母"C"表示。

电容器有个重要特性：就是可以阻止直流电流通过，允许交流电流通过。在充电或放电过程中，电容器两极板上的电荷有积累过程，或者说极板上的电压有建立过程，因此电容器上的电压不能突变。

利用这些特性，电容器可以实现耦合、滤波和谐振等功能。

1. 电容器的耦合功能

【图文讲解】

电容对交流信号阻抗较小，可视为通路，而对直流信号阻抗很大，可视为断路。在放大器中，电容常作为交流信号的输入和输出耦合电路器件。如图 3-20 所示为采用电容器耦合的晶体放大器。交流信号经耦合电容 C_1 加到晶体管的基极，经晶体管放大后，由集电极输出的信号经输出耦合电容 C_2 加到负载电阻 R_L 上。

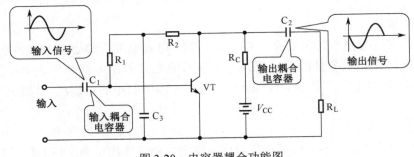

图 3-20　电容器耦合功能图

【提示】

值得注意的是，该电路中的电源电压 V_{CC} 经 R_C 为集电极提供直流偏压，再经 R_1、R_2 为基极提供偏压。直流偏压的功能是给晶体管提供工作条件和提供能量，使晶体管工作在线性放大状态。

此外，从该电路中可以看到，由于电容器具有隔直流的作用，因此，放大器的交流输出信号可以经耦合电容器 C_2 送到负载 R_L 上，而电源的直流电压不会加到负载 R_L 上。也就是说，从负载上得到的只是交流信号。

2. 电容器的滤波功能

【图文讲解】

如图 3-21 所示为电容器的滤波功能图，电容器（平滑滤波电容器）应用在直流电源电路中构成平滑滤波电路。可以看到，交流电压经整流后变成的直流电压很不稳定，波动很大。由于电容器的加入，对脉动电流有平滑作用。电路中原本不稳定、波动比较大的直流电压变得比较稳定、平滑。

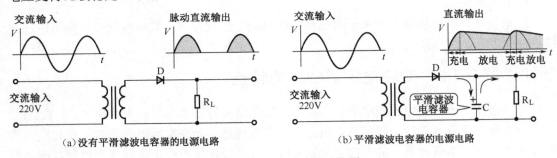

（a）没有平滑滤波电容器的电源电路　　　　（b）平滑滤波电容器的电源电路

图 3-21　电容器的滤波功能图

【提示】

如图 3-22 所示为信号通过电容器的状态示意图。电容对低频信号的阻抗高，对高频信号的阻抗低，信号频率越低阻抗越大，对直流信号的阻抗为无穷大，有隔直流的作用。当信号通过电容器时，信号的频率越低，衰减越大（如果是直流，则不能通过）。

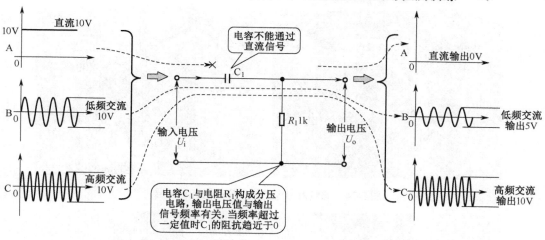

图 3-22 信号通过电容器的状态示意图

任务模块 3.2 掌握电容器的检测方法

技能演示 3.2.1 普通固定电容器的检测训练

如图 3-23 所示为待测的普通电容器的实物外形。观察该电容器标志，其容量值为 220nF，且不可以改变，对其进行检测，可通过对其电容量进行判断好坏。

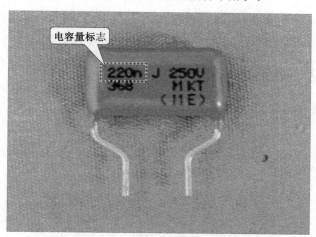

图 3-23 待测普通电容器的实物外形

【图解演示】

首先调整万用表的量程为 "2 μF" 挡，并将附加测试器安装到数字万用表上，如图 3-24 所示。

将待测的普通电容器接到附加测试器上，观察万用表的读数为 0.231μF，如图 3-25 所示。

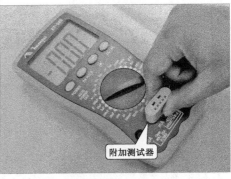

图 3-24　调整万用表挡位并安装附加测试器

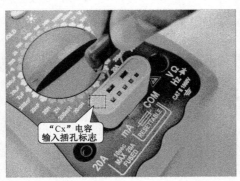
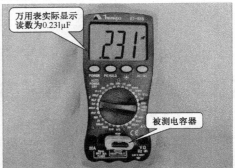

图 3-25　普通电容器的检测方法

测得该电容器的电容量为 0.231 μF，即 231 nF（1 μF＝1×10³ nF），与该电容器的标称值接近，可以证明该电容器正常。若测得的电容量过大或过小，则该电容器可能已损坏。

技能演示 3.2.2　电解电容器的检测训练

1. 电解电容器电容量的检测训练

【图解演示】

对电解电容器电容量进行检测时，通常可使用数字万用表的电容量挡进行检测（100μF 挡）。如图 3-26 所示为待测电解电容器的实物外形。

图 3-26　待测电解电容器的实物外形

将万用表的量程调至"100 μF"挡，并将附加测试器安装在数字万用表上，如图 3-27 所示。

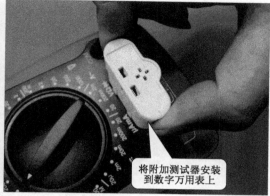

图 3-27　万用表量程调整并安装附加测试器

将待测的电解电容器安装在附加测试器上，并观察万用表的读数为 103.2 μF，如图 3-28 所示。

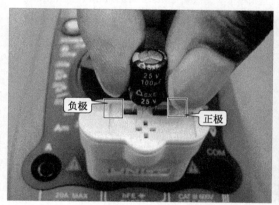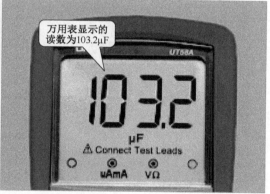

图 3-28　电解电容器电容量的检测方法

测得该电容器的电容量为 103.2μF，说明该电容器正常，若电容量与标称值差距过大则电容器损坏。

【提示】

值得注意的是，对于大容量电解电容在工作中可能会有很多电荷，如短路会产生很强的电流，为防止损坏万用表或引发电击事故，应先用电阻对其放电，然后再进行检测。对大容量电解电容放电可选用阻值较小的电阻，将电阻的引脚与电容的引脚相连即可。

2. 电解电容器性能的检测

如果万用表没有测电容量功能，我们还可使用指针万用表电阻挡直接检测电解电容充放电的过程来判断电解电容的性能。

【图解演示】

电解电容属于有极性电容，从电解电容的外观上即可判断。一般在电解电容的一侧标记为"一"，则表示这一侧的引脚极性即为负极，而另一侧引脚则为正极。对其进行检测，首先将万用表的量程调至"×10 k"欧姆挡，并对万用表进行零欧姆校正，如图 3-29 所示。

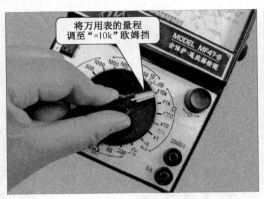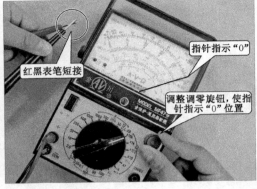

图 3-29　万用表量程调整及零欧姆校正

将万用表的黑表笔搭在电解电容器的正极引脚，红表笔搭在电解电容器的负极引脚，观察万用表的指针，如图 3-30 所示。

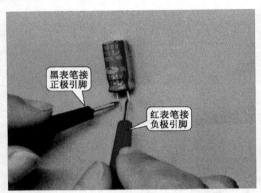

图 3-30　电解电容器的检测方法

正常情况下，使用万用表判断电解电容器的好坏会观察到一个充放电过程。若万用表的指针指示一个很小的电阻值或电阻值趋近于 0，说明该电解电容器已被击穿短路；若指针指示为无穷大，说明该电解电容器的电解质已干涸，失去电容量。

【提示】

值得注意的是，通常情况下，若其工作电压在 200V 以上的电容，即使电容量比较小也需要进行放电，例如 60μF/200V 的电容器；若工作电压较低，但其电容器高于 300μF 的电容器也属于大容量电容器，例如 300μF/50V 的电容器。实际应用中常见的大容量电容器主要有 1000μF/50V、60μF/400V、300μF/50V、60μF/200V 等均为大容量电解电容。

技能演示 3.2.3　微调电容器检测训练

微调电容器的检测是在脱开电路板的情况下进行检测的，如图 3-31 所示为待测微调电容器的实物外形。首先应检查电容器的动片和静片以及焊片的结构是否良好，然后再检测电容的极片是否有碰片的情况。

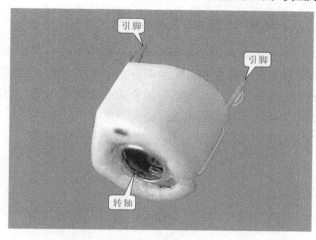

图 3-31　待测微调电容器的实物外形

【图解演示】

将万用表的量程调至"×1 k"电阻挡，将万用表红、黑表笔分别搭在微调电容器的动片和定片引脚上，并调整转轴，如图 3-32 所示。

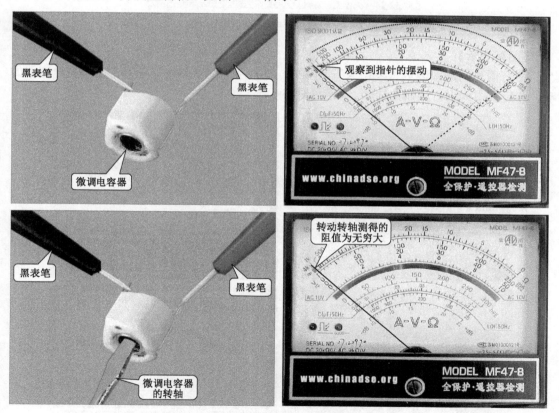

图 3-32　微调电容器的检测方法

正常情况下，微调电容器的电容量很小，小于 100PF，直流阻抗为无穷大。若万用表的指针指示一个很小的电阻值或电阻值趋近于 0，说明该微调电容器有碰片而短路。

技能演示 3.2.4　可变电容器的检测训练

如图 3-33 所示为待测可变电容器的实物外形。从图中可以看到可变电容器的引脚和转轴，使用万用表可以检测可变电容器的引脚通断，来判断其好坏。在对可变电容器进行检测之前，应首先检查可变电容器在转动转轴时是否能感觉转轴与动片引脚之间应有一定的黏合性，不应有松脱或转动不灵的情况。

图 3-33　待测可变电容器的实物外形

【图解演示】

将万用表的量程调至"×10 k"电阻挡，将万用表红、黑表笔分别搭在可变电容器的动片和定片引脚上，并调整转轴，如图 3-34 所示。

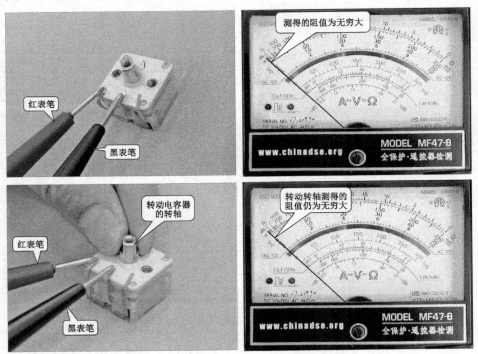

图 3-34　可变电容器的检测方法

正常情况下，测得的阻值均为无穷大。若测得的阻值为零，说明动片和定片的内部有短路，绝缘介质已损坏。

【提示】

值得注意的是，这种可变电容器的电容量很小，通常不超过 360 pF，用万用表检测不出容量值。只能检测是否内部有碰片短路的情况，即绝缘介质是否有损坏的情况，正常状态下使用万用表检测其阻值应为无穷大。若转轴转动到某一角度，万用表测得的阻值很小或为零，则说明该可变电解电容为短路情况，很有可能是动片与定片之间存在接触或电容器膜片存在严重磨损（固体介质可变电容器）。

项目四

▶▶▶ **电感器的识别与检测训练**

任务模块 4.1　认识电感器

新知讲解 4.1.1　了解电感器的种类特点

电感元件的电路符号为"⌇⌇⌇",用字母"L"表示,其种类繁多,分类方式也多种多样。主要有:空芯电感器、磁棒电感器、磁环电感器、固定色环和色码电感器、微调电感器、贴片电感器。

1. 空芯线圈

【图文讲解】

空芯线圈没有磁芯,通常线圈绕得匝数较少,电感量越小,常用在高频电路中,如电视机的高频调谐器,其实物外形如图 4-1 所示。

图 4-1　空芯线圈的实物外形

空芯线圈的电路符号是"⌇⌇⌇",在电路中的名称标志通常为"L"。

微调空芯线圈电感量时,可以调整线圈之间的间隙大小,为了防止空芯线圈之间的间隙变化,调整完毕后用石蜡加以密封固定,这样不仅可以防止线圈的形变,同时可以有效地防止线圈振动。

2. 磁棒线圈

【图文讲解】

　　磁棒电感器的基本结构是在磁棒上绕制线圈，这样会大大增加线圈的电感量。电感线圈就是带有磁棒的线圈，其实物外形如图 4-2 所示。

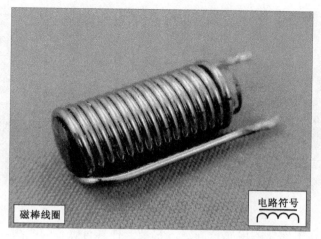

图 4-2　磁棒电感器的实物外形

　　磁棒线圈的电路符号是"〰〰"，在电路中的名称标志通常为"L"。

　　值得注意的是，可以通过线圈在磁棒上的左右移动来调整电感量的大小，当线圈在磁棒上的位置调整好后，应采用石蜡将线圈固定在磁棒上，以防止线圈左右滑动而影响电感量的大小。

3. 磁环线圈

【图文讲解】

　　磁环电感器的基本结构是在铁氧体磁环上绕制线圈，其实物外形如图 4-3 所示，如在磁环上两组或两组以上的线圈可以制成高频变压器。

图 4-3　磁环电感器的实物外形

　　磁环线圈的电路符号是"〰〰"，在电路中的名称标志通常为"L"。

4．固定电感器

【图文讲解】

固定电感有固定色环电感和固定色码电感器，其实物外形如图 4-4 所示。固定电感器的电路符号是"$\sim$"，在电路中的名称标志通常为"L"。

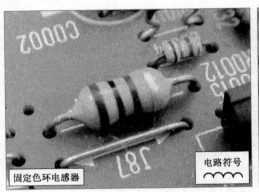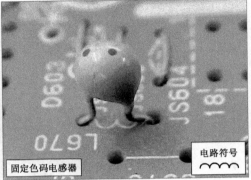

图 4-4　固定电感器的实物外形

其中，固定色环电感器的电感量固定，它是一种具有磁芯的线圈，将线圈绕制在软磁性铁氧体的基体上，再用环氧树脂或塑料封装，并在其外壳上标以色环表明电感量的数值。

色码电感器与色环电感器都属于小型的固定电感器，用色点标志只是其外形结构为直立式。

5．微调电感器

【图文讲解】

微调电感器就是可以调整电感量的电感，微调电感一般设有屏蔽外壳，磁芯上设有条形槽以便调整，如图 4-5 所示为微调电感器的实物外形。

图 4-5　微调电感器的实物外形

微调电感器的电路符号是"$\sim$"，在电路中的名称标志通常为"L"。

【提示】

值得注意的是，微调电感都有一个可插入的磁芯，使用工具调节即可改变磁芯在线圈中的位置，从而实现调整电感量的大小。值得注意的是，在对调整微调电感的电感量时要使用无感螺丝刀，即用非铁磁性材料制成的螺丝刀，如用塑料或竹片等材料制成的螺丝刀。如图4-6所示为使用无感螺丝刀调整微调电感的操作示意图。

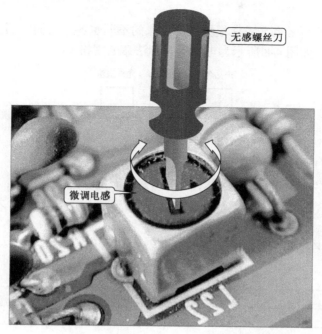

图4-6　使用无感螺丝刀调整微调电感

6．偏转线圈

偏转线圈是由两部分组成的：一部分是水平偏转线圈，另一部分是垂直偏转线圈，水平偏转线圈和垂直偏转线圈同绕在一个骨架上。

【图文讲解】

如图4-7所示为偏转线圈的实物外形。垂直和水平偏转线圈联合起来产生一个合成的磁场，可对彩色电视机显像管里面的电子束进行偏转扫描。

图4-7　偏转线圈的实物外形

新知讲解 4.1.2　搞清电感器的参数标志

1．电感器的命名及规格

【图文讲解】

固定电感线圈的型号命名方法根据生产厂家的不同也各不相同，国内比较常见的型号命名由 3 部分构成，如图 4-8 所示为电感器直标法命名规格。

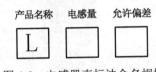

图 4-8　电感器直标法命名规格

① 产品名称：用字母表示，如电感用 L 表示；

② 电感量：用字母和数字混合表示，电感器表面上标志的电感量；

③ 允许偏差：用字母表示，表示电感实际电感量与标称电感量之间允许的最大偏差范围。

电感器的产品名称的符号、意义对照表如表 4-1 所示。

表 4-1　产品名称的符号、意义对照表

符号	意义	符号	意义
L	电感器、线圈	ZL	阻流圈

电感器允许偏差的符号、意义对照表如表 4-2 所示。

表 4-2　电感允许偏差的符号、意义对照表

符号	意义	符号	意义
J	±5%	M	±20%
K	±10%	L	±15%

电感器的色标法是将电感器的参数用不同颜色的色带或色点标志在电阻体表面上的标记方法。如图 4-9 所示为电感器色标法命名规格。电感器的色标法与电阻器的 4 环标记法类似。

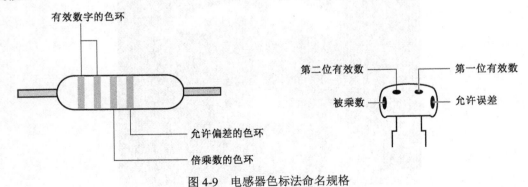

图 4-9　电感器色标法命名规格

【资料链接】

不同颜色的色环或色点代表的意义不同，相同颜色的色环排列在不同位置上的意义也不同，具体如表 4-3 所示。

表 4-3　色标法的含义表

色环颜色	色环所处的排列位		
	有效数字	倍乘数	允许偏差(%)
银色	—	10^{-2}	± 10
金色	—	10^{-1}	± 5
黑色	0	10^{0}	—
棕色	1	10^{1}	± 1
红色	2	10^{2}	± 2
橙色	3	10^{3}	—
黄色	4	10^{4}	—
绿色	5	10^{5}	± 0.5
蓝色	6	10^{6}	± 0.25
紫色	7	10^{7}	± 0.1
灰色	8	10^{8}	—
白色	9	10^{9}	± 5 -20
无色	—	—	± 20

2．电感器的标注方法

电感器的标记方法与电容器类似，也可以分为直标法和色环标记法。

（1）直标法

通常电感器的直标法采用的是简略方式，也就是说只标志出重要的信息，而不是所有的信息都被标志出来。

【图文讲解】

如图 4-10 所示为电感器直接标记法命名实例。标志为"5L713 G"。其中"L"表示电感；"713 G"表示电感量。其中，英文字母"G"相当于小数点，由于"G"跟在数字"713"之后，因此该电感的电感量为 713μH。

直标法命名

图 4-10　电感器直标法命名实例

一些贴片式电感由于体积较小，通常只通过有效数字的标注方式标注该电感的电感量。这种标注方式主要有全部采用数字标注和采用数字中间加字母的标注两种方法。

① 全部采用数字标注的方式

全部采用数字标注方式的电感器，第 1 个和第 2 个数字都分别表示该电感的有效数值，第三个数字则表示 10 的倍乘数。默认单位为"微亨"（μH）。

【图文讲解】

如图 4-11 所示为全部采用数字标注的方式。图中所示的电感标注为"101"，根据规定，前两位数字表示电感量的有效值，即为"10"，第三位的"1"表示"10^1"，因此，该电感的电感量为 $10 \times 10^1 = 100\mu H$。

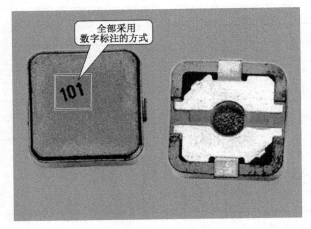

图 4-11　全部采用数字标注的电感

② 采用数字中间加字母的标注方法

采用数字中间加字母的标注方法是直标法的简略标注。

【图文讲解】

如图 4-12 所示为采用数字中间加字母的标注方法标注的电感器，这种标注方法的第 1、第 3 位的数字为该电感量的有效值。中间的 R 相当于小数点。因此，该电感的电感量为 3.3μH。

图 4-12　数字、字母标注的电感

【提示】

值得注意的是，早期，我国生产的电感还经常采用字母、数字及型号混合标注的方式。如图 4-13 所示，该电感的标记为"D.II 330 µH"，其中字母 D 表示该电感的最大工作电流。根据规定，最大工作电流的字母共有 A\B\C\D\E 五个，分别对应的最大工作电流为 50 mA、150 mA、300 mA、700 mA、1600 mA，II 表示允许误差，表示型号共有 I、II、III 三种，分别表示误差为±5%、±10%、±20%。因此，该电感的最大工作电流为 700 mA，电感量为 330µH±10%。

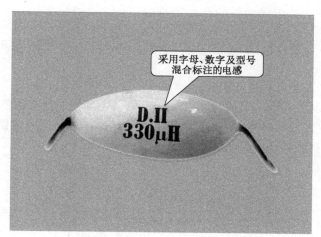

图 4-13　采用字母、数字及型号混合标注的电感

（2）色环标记法

电感器的色标法是将电感器的参数用不同颜色的色带或色点标志在电阻体表面上的标记方法。电感器的色标法与电阻器的 4 环标记法类似。不同颜色的色环代表的意义不同，相同颜色的色环排列在不同位置上的意义也不同。

【图文讲解】

如图 4-14 所示为电感器色标法命名规格。

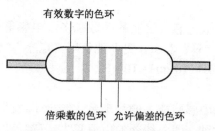

图 4-14　电感器色标法命名规格

【图文讲解】

如图 4-15 所示为采用色环标记法标注的电感，其色环颜色依次为"棕橙金银"。"棕色"表示有效数字 1；"橙色"表示有效数字 3；"金色"表示倍乘数 10^{-1}；"银色"表示允许偏差±10%。因此，该电感量标志为 1.3 µH±10%。

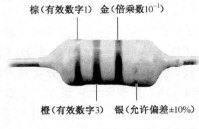

棕（有效数字1）　金（倍乘数10^{-1}）

橙（有效数字3）　银（允许偏差±10%）

图 4-15　采用色环标注的电感

【提示】

值得注意的是，通常，在没有明确标注单位的情况下，电感默认的单位都为"微亨"（μH）。

【图文讲解】

如图 4-16 所示为电感器色码命名实例，图中色码电感器各色点颜色表示第 1 位有效数字为"2"，第 2 位有效数字为"5"；倍乘数为"10^{0}"，因此该电感器的标称电感量为：$25 \times 10^{0} = 25\mu H$，允许误差为 ±10 %。

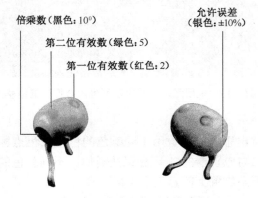

倍乘数（黑色：10^{0}）

允许误差（银色：±10%）

第二位有效数（绿色：5）

第一位有效数（红色：2）

图 4-16　电感器色码命名实例

3. 电感器的主要参数

导线绕制成圆圈状及构成电感，绕制的圈数越多，电感量越大。电感量的单位是"亨利"，简称"亨"，用字母"H"表示，更多地使用"毫亨"（mH）、"微亨"（μH）为单位。它们之间的关系是：$1H = 10^{3}mH = 10^{6}\mu H$。

（1）电感量

电感是衡量线圈产生电磁感应能力的物理量。给一个线圈通入电流，线圈周围就会产生磁场，线圈就有磁通量通过。通入线圈的电流越大，磁场就越强，通过线圈的磁通量就越大。通过线圈的磁通量和通入的电流是成正比的，它们的比值叫作自感系数，也叫作电感量。电感量的大小，主要取决于线圈的直径、匝数及有无铁芯等，即：

$$L = \frac{\varPhi}{I}$$

式中　L——电感量；

　　　$\varPhi$——通过线圈的磁通量；

　　　I——电流。

（2）电感量精度

实际电感量与要求电感量间的误差，对电感量精度的要求要视用途而定。振荡线圈要求较高，为 0.2 %～0.5 %；耦合线圈和高频扼流圈要求较低，允许 10 %～15 %。

（3）线圈的品质因数 Q

品质因数 Q 用来表示线圈损耗的大小，高频线圈通常为 50～300。Q 值的大小，影响回路的选择性、效率、滤波特性以及频率的稳定性。线圈的品质因数 Q 的计算公式为：

$$Q = \frac{\omega L}{R}$$

式中　ω——工作角频率；

L——线圈的电感；

R——线圈的总损耗电阻。

为了提高线圈的品质因数 Q，可以采用的方法如下：

◆ 采用镀银铜线，以减小高频电阻；

◆ 采用多股的绝缘线代替具有同样总截面的单股线，以减少集肤效应；

◆ 采用介质损耗小的高频瓷为骨架，以减小介质损耗；

◆ 减少线圈匝数，不同材料的磁芯虽然能增加磁芯损耗，但通过减小线圈匝数，从而减小导线直流电阻，对提高线圈 Q 值是非常有利的。

电感量相同的线圈，导线的直径越大，导线的股数越多，其 Q 值越大。电感的品质因数 Q，在谐振电路中有严格的要求。电感的品质因数 Q 的准确值要使用专门的测试仪表，如电感电容测试仪。

（4）固有电容

固有电容是指线圈绕组的匝与匝之间、多层绕组层与层之间存在的分布电容。为了减少线圈的固有电容，可以减少线圈骨架的直径，用细导线绕制线圈，或采用间绕法、蜂房式绕法等。

（5）线圈的稳定性

线圈的稳定性是指线圈参数随环境条件变化而变化的程度。如线圈导线受热后膨胀，使线圈产生几何变形，从而引起电感量的变化。为了提高线圈的稳定性，可从线圈制作上采取适当措施，如采用热绕法，将绕制线圈的导线通上电流，使导线变热，然后绕制成线圈，这样导线冷却后收缩紧紧贴在骨架上，线圈不易变形，从而提高稳定性。

（6）额定电流

电感线圈在正常工作时，允许通过的最大电流就是线圈的标称电流值，也叫额定电流。

电容器的主要参数有标称容量（电容量）、允许偏差、额定工作电压、绝缘电阻、温度系数及频率特性。

新知讲解 4.1.3　知晓电感器的功能特点

电感元件就是将导线绕制线圈状制成的，当电流流过时，在线圈（电感）的两端就会形成较强的磁场。由于电磁感应的作用，它会对电流的变化起阻碍作用。因此，电感对直流呈现很小的电阻（近似于短路），而对交流呈现阻抗较高，其阻值的大小与所通过的交流信号的频率有关。同一电感元件，通过的交流电流的频率越高，则呈现的电阻值越大。

1. 电感器的滤波功能

【图文讲解】

电感元件可以用在交流电路中构成滤波电路，如图4-17所示为电磁炉中滤波电路结构原理图。从图中可以看到，交流220 V输入，经桥式整流堆整流后输出的直流300 V，然后经扼流圈及平滑电容为加热线圈供电。电路中的扼流圈实际上就是一个电感元件，它的主要作用就是用来阻止直流电压中的交流分量。

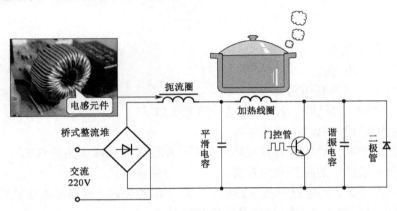

图4-17 电磁灶中滤波电路

2. 电感器的谐振功能

【图文讲解】

电感元件可以与电容器并联构成谐振电路，如图4-18所示，可以看到，在此电路中，电感L与电容器C构成并联谐振式中频阻波电路，其主要作用是用来阻止中频的干扰信号。天线接收空中各种频率的电磁波信号，中频阻波电路具有对中频信号阻抗很高的特点，有效地阻止中频干扰进入高频电路。经阻波后，除中频外的其他信号经电容器Ce耦合到由调谐线圈L_1和可变电容器C_T组成的谐振电路，经L_1和C_T谐振电路的选频作用，把选出的广播节目载波信号通过L_2耦合传送到高放电路。

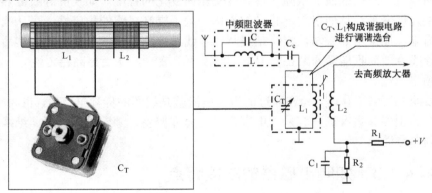

图4-18 收音机中常用的谐振电路

3. 电感器的频段特性

【图文讲解】

电感元件的阻抗与信号频率有关，在彩色电视机中构成中频放大电路，如图4-19所示。

晶体三极管 Q101 和偏置元件构成共发射极中频放大器，中频信号经耦合电容 C101 加到 Q101 的基极，经放大后由集电极输出，再经耦合电容 C103 加到声表面波滤波器 X101 的输入端。电感 L102 与 R106 并联作为 Q101 的集电极负载。利用电感 L102 对高频信号阻抗高的特性来补偿预中放的高频特性。

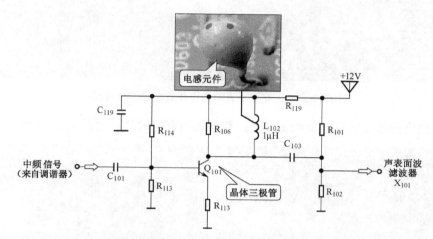

图 4-19　彩色电视机预中放电路中构成高频电路

任务模块 4.2　掌握电感器的检测方法

技能演示 4.2.1　固定色环电感器的检测训练

【图解演示】

如图 4-20 所示为待测固定色环电感器的实物外形。观察该电感器色环，其采用四环标注法，颜色从左至右分别为"棕"、"黑"、"棕"、"银"，根据色环颜色定义可以识读出该四环电感器的标称阻值为"100μH"，允许偏差值为±1%。

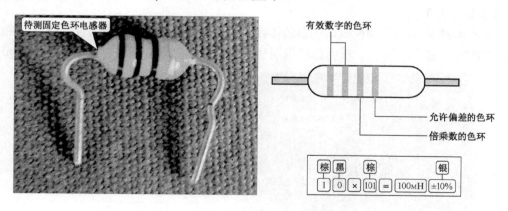

图 4-20　待测固定色环电感器的实物外形

调整万用表的量程为"2mH"挡，并将附加测试器安装在数字万用表上，如图 4-21 所示。

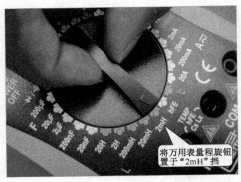

图 4-21　调整万用表的量程并安装附加测试器

将待测电感器安装在附加测试器上，观察万用表的读数，如图 4-22 所示。

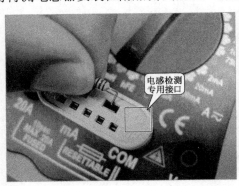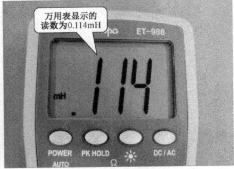

图 4-22　色环电感器的检测方法

正常情况下，检测得到的电感量为"0.114 mH"，根据公式 $0.114 \text{ mH} \times 10^3 = 114 \mu\text{H}$，与该电感器的标称值基本相符。若测得的电感量与标称值相差过大，则该电感器可能已损坏。

技能演示 4.2.2　固定色码电感器的检测训练

【图解演示】

如图 4-23 所示为待测色码电感器的实物外形。观察该色码电感器的色点标志，颜色分别为"灰"、"蓝"、"棕"，根据色标识别法可以读出该色码电感器的标称值为"860μH"。

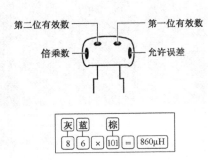

图 4-23　待测固定色码电感器的实物外形

对万用表的量程进行调整，并安装附加测试器，将待测色码电感器安装在附加测试器上，并观察万用表的读数，如图 4-24 所示。

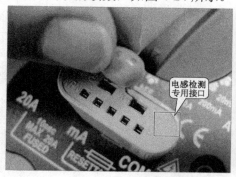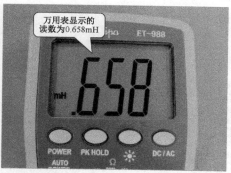

图 4-24 固定色码电感器的检测方法

正常情况下，可以测得一个与标称值相同或相近的电感量值。若电感量趋于零，则电感器可能已损坏。

技能演示 4.2.3 微调电感器的检测训练

【图解演示】待测的微调电感器实物外形如图 4-25 所示。

图 4-25 待测微调电感器的实物外形

首先将万用表的电源开关打开，然后将万用表调至欧姆挡，由于其阻值较小，应当将万用表的量程调至"200"欧姆挡，如图 4-26 所示。

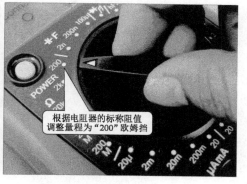

图 4-26 打开数字万用表开关并调整万用表量程

将万用表的红、黑两表笔分别搭在电感器三只引脚的任意两引脚，观察万用表的读数，如图 4-27 所示。

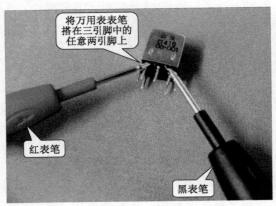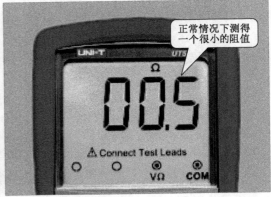

图 4-27　微调电感器的检测方法

正常情况下，它们之间均有固定阻值，说明该电感正常，可以使用；若测得微调电感器的阻值趋于无穷大，则表明电感器已损坏。这是利用检测电感线圈直流电阻的方法，判断是否有短路或断路的情况，间接检测电感器是否异常。

项目五

▶▶▶ **二极管的识别与检测训练**

任务模块 5.1　认识二极管

新知讲解 5.1.1　了解二极管的种类特点

　　二极管的基本特性是单向导电性，根据制作半导体材料的不同，可分为锗晶体二极管（Ge 管）和硅晶体二极管（Si 管）。根据结构的不同，可分为点接触型二极管、面接触型二极管。根据实际功能的不同，又分为整流二极管、检波二极管、稳压二极管、变容二极管、发光二极管、光敏二极管、开关二极管、激光二极管、双向触发二极管等。

1. 整流二极管

【图文讲解】

　　整流二极管主要作用是将交流整流成直流，主要用于整流电路中。如图 5-1 所示为整流二极管的实物外形。

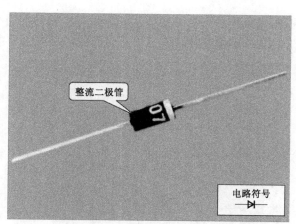

图 5-1　整流二极管的实物外形

　　整流二极管的外壳封装常采用金属壳封装、塑料封装和玻璃封装三种形式。由于整流二极管的正向电流较大，所以整流二极管多为面接触型晶体二极管，结面积大、结电容大，但工作频率低。

2. 检波二极管

　　检波二极管是利用二极管的单向导电性，把叠加在高频载波上的低频信号检出来的器件，这种二极管具有较高的检波效率和良好的频率特性，常用在收音机的检波电路中。

【图文讲解】

如图 5-2 所示为检波二极管的实物外形。检波二极管的封装多采用玻璃或陶瓷外壳，以保证良好的高频特性。检波效率是检波二极管的特殊参数，它是指在检波二极管输出电路的电阻负载上产生的直流输出电压与加于输入端的正弦交流信号电压峰值之比的百分数。

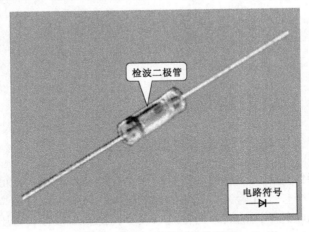

图 5-2　检波二极管的实物外形

3．稳压二极管

稳压二极管是由硅材料制成的面结合型晶体二极管，利用 PN 结反向击穿时的电压基本上不随电流的变化而变化的特点来达到稳压的目的。

【图文讲解】

如图 5-3 所示为稳压二极管的实物外形。从外形上看，它与普通小功率整流二极管相似，主要有塑料封装、金属封装和玻璃封装三种封装形式。在电路中主要起稳压作用。

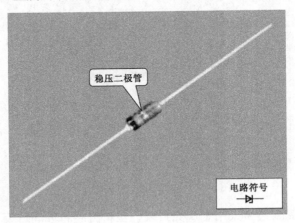

图 5-3　稳压二极管的实物外形

4．变容二极管

【图文讲解】

变容二极管是利用 PN 结的电容随外加偏压而变化这一特性制成的非线性半导体元件，

在电路中起电容器的作用，它被广泛地用于超高频电路中的参量放大器、电子调谐器及倍频器等高频和微波电路中，如图 5-4 所示为变容二极管的实物外形。

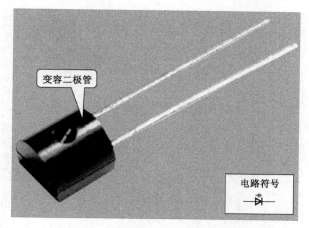

图 5-4　变容二极管的实物外形

5．发光二极管

发光二极管简称 LED，常用于显示器件或光电控制电路中的光源，这种二极管是一种利用正向偏置时 PN 结两侧的多数载流子直接复合释放出光能的发射器件。通常，用元素周期表中的Ⅲ族和Ⅴ族元素的砷化镓、磷化镓等化合物制成。发光二极管在正常工作时，处于正向偏置状态，在正向电流达到一定值时就发光。

【图文讲解】

如图 5-5 所示为发光二极管的实物外形。该二极管是将电能转化为光能的器件，采用不同材料制成的发光二极管可以发出不同颜色的光，常见的有红光、黄光、绿光、橙光等，其特点是：工作电压很低、工作电流很小、抗冲击和抗震性能好、可靠性高、寿命长。

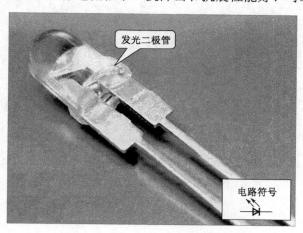

图 5-5　发光二极管的实物外形

6．光敏二极管

【图文讲解】

光敏二极管又称为光电二极管，光敏二极管的特点是当受到光照射时，二极管反向阻抗会随之变化（随着光照射的增强，反向阻抗会由大到小），利用这一特性，光敏二极管常用作光电传感器件使用。如图 5-6 所示为光敏二极管的实物外形。

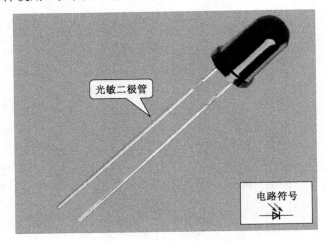

图 5-6　光敏二极管的实物外形

7．开关二极管

【图文讲解】

开关二极管是利用半导体二极管的单向导电性，对电路进行"开通"或"关断"控制。这种二极管导通/截止速度非常快，能满足高频和超高频电路的需要，广泛应用于开关及自动控制等电路中。如图 5-7 所示为开关二极管的实物外形。

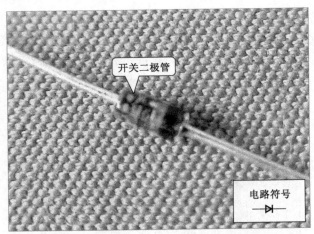

图 5-7　开关二极管的实物外形

8．激光二极管

【图文讲解】

激光二极管是一种在偏压作用下能发射激光束的半导体器件。激光二极管具有效率高、体积小、寿命长的优点，但其输出功率小（一般小于 2mW），线性差、单色性不太好，如图 5-8 所示为激光二极管的实物外形。

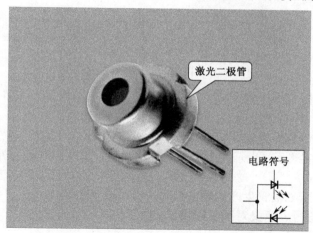

图 5-8　激光二极管的实物外形

9. 双向触发二极管

【图文讲解】

双向触发二极管（简称 DIAC）是具有对称性的两端半导体器件，常用来触发晶闸管，或用于过压保护、定时、移相电路。如图 5-9 所示为双向触发二极管的实物外形。

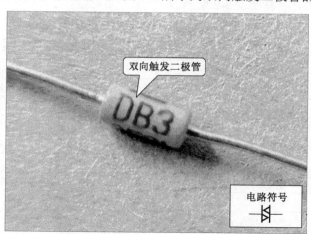

图 5-9　双向触发二极管的实物外形

新知讲解 5.1.2　搞清二极管的参数标志

1. 二极管的命名及规格

二极管的命名是生产商在二极管表面标志的文字或色环、色码，通常，二极管的命名都采用直标法标注命名。但具体命名规格根据国家、地区及生产厂商的不同而有所不同。下面，主要介绍几种常用的二极管的命名规格。

（1）国产二极管的命名规格

【图文讲解】

国产二极管的命名规格是将二极管的类别、材料、规格以及其他主要参数的数值标注在二极管表面上。根据国家标准规定，二极管的型号命名由 5 部分构成，如图 5-10 所示。

图 5-10　国产二极管的命名规格

① 产品名称：用数字"2"表示，表示有效极性引脚；

② 材料/极性：用字母表示，表示二极管的材料和极性；

③ 类型：用字母数字表示，表示二极管的类型；

④ 序号：用数字表示，表示同类产品中不同品种，以区分产品的外型尺寸和性能指标等，有时会被省略；

⑤ 规格号：表示二极管生产的规格型号，有时会被省略。

材料—极性的符号、意义对照表如表 5-1 所示。

表 5-1　材料—极性的符号、意义对照表

符号	意义	符号	意义
A	N 型锗材料	D	P 型硅材料
B	P 型锗材料	E	化合物材料
C	N 型硅材料		

类型符号、意义对照表如表 5-2 所示。

表 5-2　类型符号、意义对照表

符号	意义	符号	意义
P	普通管	V	微波管
W	稳压管	C	参量管
L	整流堆	JD	激光管
N	阻尼管	S	隧道管
Z	整流管	CM	磁敏管
U	光电管	H	恒流管
K	开关管	Y	体效应管
B	变容管	EF	发光二极管
G	高频小功率管（$F>3\ MHz$，$P_c<1\ W$）	D	低频大功率管（$F<3\ MHz$，$P_c>1\ W$）
X	低频小功率管（$F<3\ MHz$，$P_c<1\ W$）	A	高频大功率管（$F>3\ MHz$，$P_c>1\ W$）

例如在检波二极管上可以看到"2AP9"的标注文字，根据规定可知："2"是二极管的名称代号，"A"表示该二极管是 N 型锗材料二极管，"P"则表明该二极管属于普通管，"9"则为二极管的编号。

（2）日本产二极管的命名规格

【图文讲解】

如图 5-11 所示为日本产二极管的命名规格。

图 5-11　日本产二极管的命名规格

它的标注是由 7 部分构成（通常只会用到前 5 部分）。

①有效极数或类型：用数字表示，表示有效极性引脚；

②注册标志：日本电子工业协会 JEIA 注册标志，用字母表示，S 表示已在日本电子工业协会 JEIA 注册登记的半导体器件；

③材料/极性：用字母表示，表示二极管使用材料极性和类型；

④序号：用数字表示在日本电子工业协会 JEIA 登记的顺序号，两位以上的整数从"11"开始，表示在日本电子工业协会 JEIA 登记的顺序号；不同公司的性能，相同的器件可以使用同一顺序号；数字越大，越是近期产品。

⑤规格号：用字母表示同一型号的改进型产品标志。A、B、C、D、E、F 表示这一器件是原型号产品的改进产品。

有效极数—类型的符号、意义对照表如表 5-3 所示。

表 5-3 有效极数—类型的符号、意义对照表

符号	意义	符号	意义
0	光电（光敏）二极管	2	三极或 2 个 PN 结的二极管
1	二极管	3	四极或 3 个 PN 结的二极管

常用 1N4000 系列二极管耐压比较如表 5-4 和表 5-5 所示。

表 5-4 常用的 1N4000 系列二极管耐压比较表 1

型号	1N4001	1N4002	1N4003	1N4004	1N4005	1N4006	1N4007
耐压（V）	50	100	200	400	600	800	1000
电流（A）	1	1	1	1	1	1	1

表 5-5 常用的 1N4000 系列二极管耐压比较表 2

型号	1N4728	1N4729	1N4730	1N4732	1N4733	
耐压（V）	3.3	3.6	3.9	4.7	5.1	
型号	1N4734	1N4735	1N4744	1N4750	1N4751	1N4761
耐压（V）	5.6	6.2	15	27	30	75

（3）美国生产二极管的命名规格

【图文讲解】

美国生产的二极管命名比较混乱。其中，根据美国电子工业协会规定，二极管型号命名由 5 部分构成，如图 5-12 所示。

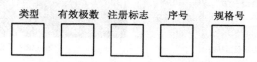

类型　有效极数　注册标志　序号　规格号

图 5-12 美国生产二极管的命名规格

①类型：表示器件的用途类型；

②有效极数：用数字表示，表示有效 PN 结极数；

③注册标志：美国电子工业协会（EIA）注册标志。N 表示该器件已在美国电子工业协会（EIA）注册登记；

④序号：用多位数字表示，美国电子工业协会登记顺序号。

⑤规格号：用字母表示同一型号的改进型产品标志。A、B、C、D……同一型号器件的不同档别用字母表示。

类型的符号、意义对照表如表 5-6 所示。

表 5-6　类型的符号、意义对照表

符号	意义	符号	意义
JAN	军级	JANS	宇航级
JANTX	特军级	无	非军用品
JANTXV	超特军级		

有效极数的符号、意义对照表如表 5-7 所示。

表 5-7　有效极数的符号、意义对照表

符号	意义	符号	意义
1	二极管（1 个 PN 结）	3	三个 PN 结
2	三极管（2 个 PN 结）	n	n 个 PN 结

2. 二极管的标注方式

二极管的种类很多，所用材料及功率也各不相同，标记方法也多种多样。

不同的二极管都有不同的性能，通常，二极管将其正负极参数通过色环标注法或引脚标注法标注在二极管的外壳上。下面，我们就具体介绍一下二极管的标注方法。

（1）普通二极管的电路标注

【图文讲解】

普通二极管在电路中常用字母"D"＋"数字序号"标注，其标注方法如图 5-13 所示。

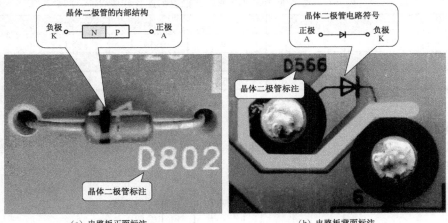

（a）电路板正面标注　　　　　　　　（b）电路板背面标注

图 5-13　二极管内部结构及符号标志

从图 5-13 中可以看到，D802 和 D566 即为二极管。由于二极管有极性的区分，对于小功率二极管来说，如图 5-13（a）所示，在二极管的表面，靠近左端的引脚有一个色环标注，这表明该端引脚为二极管的 K 极（负极），另一端即为二极管的正极。此外，在电路板上，有时也可以通过二极管的电路符号标注来判别二极管及其引脚极性。如图 5-13（b）所示，在电路板的背面，可以通过"D566"来判别这是一个二极管，而通过"▷|"符号标注便可以清楚地知道该二极管的引脚极性。

（2）稳压二极管的标注

【图文讲解】

稳压二极管在电路中常用字母"ZD"＋"数字序号"标注，如图 5-14 所示。可以看到，稳压二极管的极性也是通过二极管封装外壳上的色环标注来识别的，即带有色环标注的一端为二极管的 K 极（负极），另一端为二极管的 A 极（正极）。在电路板背部通常标志有电路符号，可以看到稳压二极管的电路符号为"＋▷▏－"，通过该标注我们可以清晰地知道稳压二极管两端的极性。

图 5-14　实际电路中的稳压二极管

（3）整流二极管的标注

【图文讲解】

整流二极管与普通二极管的电路符号和标注方法基本一致。在整流电路中，整流二极管应用非常普遍，其中以塑料外壳封装的形式最为常见，如图 5-15 所示。可以看到，在黑色的外壳上有白色环标注的一端即为整流二极管的 K 极（负极），另一端为二极管的 A 极（正极）。

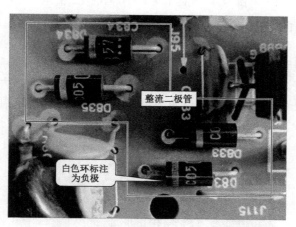

图 5-15　实际电路中的整流二极管

（4）发光二极管的标注与识别

【图文讲解】

发光二极管从外形上很好辨认，作为可发光器件，发光二极管常用于电子产品中的操作显示电路中，发光二极管在电路上常以字母"D"或文字"LED"标志，如图 5-16 所示。

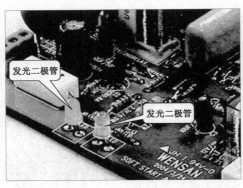

图 5-16　实际电路中的发光二极管

（5）双向触发二极管的标注与识别

【图文讲解】

双向触发二极管在电路板上常以"DIAC"的英文简写形式或""符号形式进行标注，如图 5-17 所示。

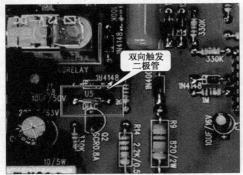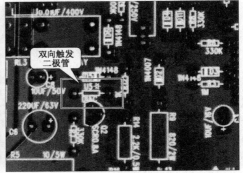

图 5-17　实际电路中的双向触发二极管

（6）检波二极管的标注

【图文讲解】

在识别检波二极管的极性时，可观察其表面封装的色环标志即可。如图 5-18 所示为电路板上的检波二极管。从外形上看许多二极管的体积和封装形式都大体相同。通常，检波二极管主要应用在收音机的检波电路或收录机的自动增益控制电路中。

图 5-18　实际电路中的检波二极管

【提示】

值得注意的是：在实际电子电路中，还有许多大功率二极管，它们从外形上看体积较大，主要应用于电源电路或保护电路中，有些由于功率很高，常配以散热片以加强散热。二极管引脚上的磁环主要用于吸收干扰脉冲，防止脉冲辐射影响电路中的其他电子元器件，其实物外形如图 5-19 所示。

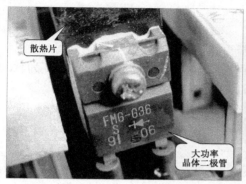 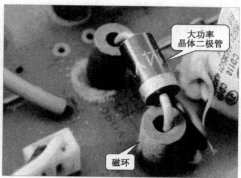

图 5-19　大功率二极管的实物外形

3．二极管的主要参数

二极管是一种常用的半导体器件，全称为晶体二极管，电路符号为"$\rightarrow\!\!\vdash$"，它是由一个 P 型半导体和 N 型半导体形成的 PN 结，并在 PN 结两端引出相应的电极引线，再加上管壳密封制成的。二极管的主要参数包括共性参数和特殊参数。

（1）最大整流电流 I_{OM}

最大整流电流是指二极管长期连续工作时，允许通过的最大正向平均电流值，与 PN 结面积及外部散热条件等有关，PN 结的面积越大，最大整流电流也越大。电流超过允许值时，PN 结将因过热而烧坏。在整流电路中，二极管的正向电流必须小于该值。

（2）最大反向电压 U_{RM}

最大反向电压是指保证二极管不被击穿而给出的最高反向工作电压。有关手册上给出的最大反向电压约为击穿电压的一半，以确保二极管安全工作。点接触型二极管的最大反向电压约为数十伏，面接触型可达数百伏。在电路中如二极受到过高的反向电压，则会损坏。

（3）最大反向电流 I_{RM}

最大反向电流是指二极管在规定温度的工作状态下加上最大反向电压时的反向电流。反向电流越大，说明二极管的单向导电性越差，且受温度影响也越大；反向电流越小，说明二极管的单方向导电性能越好。硅管的反向电流较小，一般在几微安以下；锗管的反向电流较大，一般为几十微安至几百微安。

值得注意的是：反向电流与温度有着密切的关系，大约温度每升高 10℃，反向电流增大 1 倍。

（4）最高工作频率 F_M

最高工作频率是指二极管能正常工作的最高频率。选用二极管时，必须使它的工作频率低于最高工作频率。超过此值时，由于结电容的作用，二极管将不能很好地体现单向导电性。

新知讲解 5.1.3　知晓二极管的功能特点

二极管具有整流、稳压、检波等功能。

1．整流二极管的功能

整流二极管可以组成半波整流和全波整流电路。

（1）单整流二极管组成的半波整流电路

【图文讲解】

如图 5-20 所示为由二极管构成的半波整流电路，在交流电压处于正半周时，二极管导通；在交流电压负半周时，二极管截止，因而交流电经二极管 VD 整流后就变为脉动直流电压（缺少半个周期）。然后再经 RC 滤波即可得到比较稳定的直流电压。

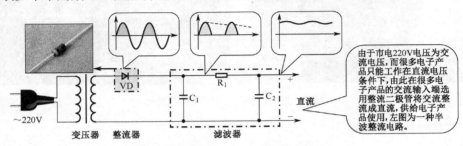

图 5-20　二极管组成的半波整流电路

（2）双整流二极管组成的全波整流电路

【图文讲解】

如图 5-21 所示的全波整流电路是由两个半波整流电路组合而成的，在该电路中，变压器次级绕组分别连接了两个整流二极管。这样，就相当于由变压器次级绕组中间抽头为基准组成上下两个半波整流电路。依据二极管的功能特性。VD1 对交流电正半周电压进行整流；二极管 VD2 对交流电负半周的电压进行整流，这样最后得到两个合成的电流，称为全波整流。

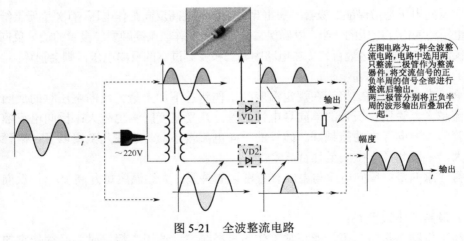

图 5-21　全波整流电路

2．稳压二极管的功能

【图文讲解】

如图 5-22 所示为稳压二极管构成的稳压电路。在该电路中，二极管 VD1 起整流的作用，二极管 VD2 起稳压的作用。正常情况下，二极管 VD2 负极接外加电压的高端，正极接外加电压的低端。而当稳压二极管 VD2 反向电压达到稳压值时，电流急剧增大，二极管 VD2 呈雪崩击穿状态，该状态下二极管两端的电压保持不变，从而实现稳定直流电压的功能。

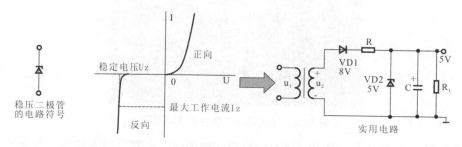

图 5-22　稳压二极管的功能

3．检波二极管的功能

【图文讲解】

如图 5-23 所示为检波二极管构成的超外差收音机检波电路，在该电路中，VD 为检波二极管。第二中放输出的调幅波加到二极管 VD 负极，由于二极管单向导电特性，其负半周调幅波通过二级管，正半周被截止，通过二极管 VD 后输出的调幅波只有负半周。负半周的调幅波再由 RC 滤波器滤除其中的高频成分，电容 C_3 阻止其中的直流成分，输出的就是调制在载波上的音频信号，这个过程称为检波。

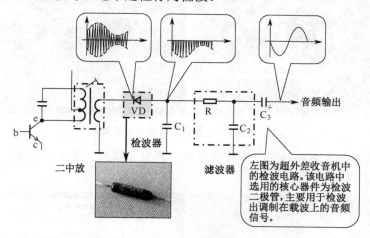

图 5-23　检波二极管的功能

任务模块 5.2　掌握二极管的检测方法

技能演示 5.2.1　稳压二极管的检测训练

如图 5-24 所示为待测稳压二极管的实物外形。

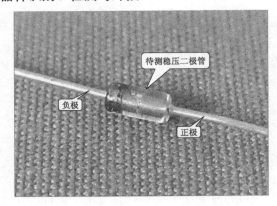

图 5-24　待测稳压二极管的实物外形

通过观察，知道稳压二极管的正极与负极，检测时，主要是检测稳压二极管的正向阻抗和反向阻抗来判断稳压二极管的好坏。通过搭建测试电路，检测工作状态的稳压值，才判别其性能是否正常。

【图解演示】

首先将万用表的量程调至"×1k"欧姆挡，并进行零欧姆校正（下面几种二极管的检测方法不再介绍挡位和零欧姆调整），如图 5-25 所示。

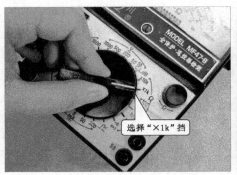
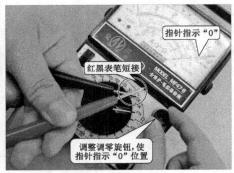

图 5-25　调整万用表挡位并进行零欧姆校正

将万用表的黑表笔搭在稳压二极管的正极，黑表笔搭在万用表的负极，观察万用表的读数，如图 5-26 所示。

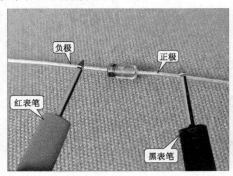

图 5-26　稳压二极管正向阻抗的检测方法

万用表的量程不变，将红、黑表笔对调，检测稳压二极管的反向阻抗，如图 5-27 所示。

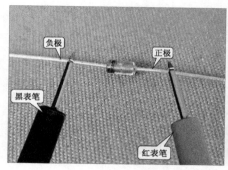

图 5-27　稳压二极管的反向阻抗的检测方法

　　正常情况下，稳压二极管的正向阻抗为 9 kΩ 左右，反向阻抗为无穷大，若测得的阻值均为无穷大或零，说明该稳压二极管已经损坏。

技能演示 5.2.2　整流二极管的检测训练

　　如图 5-28 所示为待测的整流二极管的实物外形。通过对整流二极管的正、反向阻值进行判断该整流二极管的性能好坏。

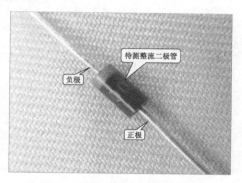

图 5-28　待测整流二极管的实物外形

【图解演示】

　　将万用表的黑表笔搭在整流二极管的正极，红表笔搭在负极，观察万用表读数，如图 5-29 所示。

图 5-29　整流二极管正向阻值的检测方法

　　万用表的量程不变，将红、黑表笔对调，观察万用表的读数，如图 5-30 所示。

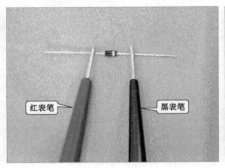

图 5-30 整流二极管反向阻值的检测方法

正常情况下，整流二极管的正向阻值为 3kΩ 左右，反向阻值为无穷大，若检测时，正、反向阻值都为无穷大，则说明该整流二极管损坏。

技能演示 5.2.3 检波二极管的检测训练

如图 5-31 所示为待测检波二极管的实物外形。

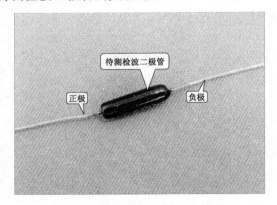

图 5-31 待测检波二极管的实物外形

【图解演示】

将万用表调至二极管检测挡（蜂鸣挡），黑表笔搭在检波二极管的正极，红表笔搭在负极，万用表发出蜂鸣声，且有一个固定值，如图 5-32 所示。

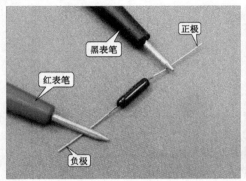

图 5-32 检测检波二极管

万用表的挡位不变，将万用表的红、黑表笔对调，此时不能听到蜂鸣声，且万用表的读数为无穷大，如图 5-33 所示。

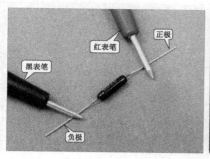

图 5-33　检波二极管的检测方法

正常情况下，万用表调至蜂鸣挡时，黑表笔搭在检波二极管的正极，红表笔搭在负极，万用表会发出蜂鸣声，其有一个固定值，若对换表笔，则听不到蜂鸣声，且读数为无穷大，若检测时，与上述不符，则说明该检波二极管已经损坏。

技能演示 5.2.4　变容二极管的检测训练

如图 5-34 所示为待测变容二极管的实物外形。

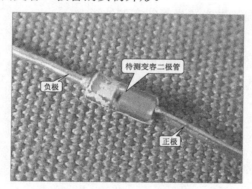

图 5-34　待测变容二极管的实物外形

【图解演示】

将万用表的黑表笔搭在变容二极管的正极，红表笔搭在负极，观察万用表的读数，如图 5-35 所示。

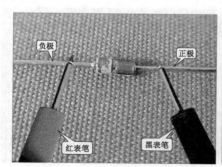

图 5-35　变容二极管的正向阻值检测

万用表的量程不变，将万用表的红、黑表笔对调，检测变容二极管的反向阻值，观察万用表的读数，如图 5-36 所示。

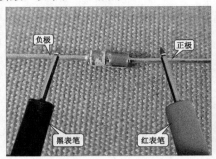

图 5-36   变容二极管的反向阻值检测

正常情况下，变容二极管的正向阻值为 10 kΩ 左右，反向阻值为无穷大，若检测时，正向阻值和反向阻值都为无穷大或零，说明该变容二极管已经损坏。

变容二极管的主要特性是结电容随外加偏压变化的特性，这种特性应根据使用环境搭建试验电路进行检测。

技能演示 5.2.5   发光二极管的检测训练

如图 5-37 所示为待测的发光二极管的实物外形。

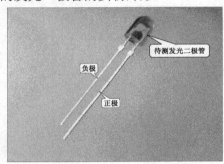

图 5-37   待测的发光二极管的实物外形

【图解演示】

将万用表的黑表笔搭在发光二极管的正极，红表笔搭在正极，发现发光二极管发光，并观察万用表的读数，如图 5-38 所示。

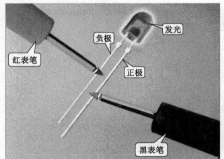

图 5-38   发光二极管的检测

万用表的量程不变,红、黑表笔对调,观察发光二极管熄灭,并观察万用表的读数,如图 5-39 所示。

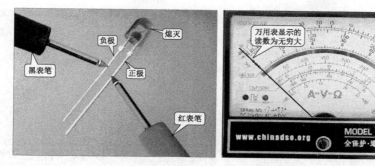

图 5-39 发光二极管的检测方法

正常情况下,黑表笔接正极,红表笔接负极,发光二极管能发光,且万用表读数为 20 kΩ 左右,对换表笔后,发光二极管不能发光,且读数为无穷大,若检测时,与上述不符,则说明该发光二极管已经损坏。

技能演示 5.2.6 光敏二极管的检测训练

如图 5-40 所示为待测光敏二极管的实物外形。

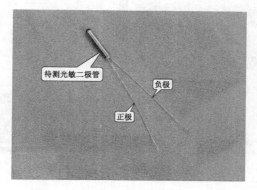

图 5-40 待测光敏二极管的实物外形

【图解演示】

首先将万用表的黑表笔搭在光敏二极管的正极,红表笔搭在光敏二极管的负极,检测光敏二极管的正向阻值,如图 5-41 所示。

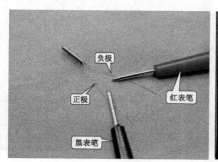

图 5-41 光敏二极管正向阻值的检测

103

万用表的量程和表笔位置不动，使用强光源照射光敏二极管，观察万用表指针的变化，如图 5-42 所示。

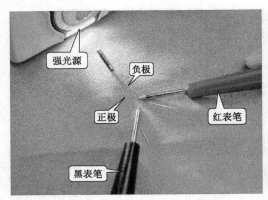

图 5-42　强光源下检测光敏二极管正向阻值

万用表的量程不变，将万用表的黑表笔搭在光敏二极管的负极，红表笔搭在光敏二极管的正极，检测光敏二极管的反向阻值，如图 5-43 所示。

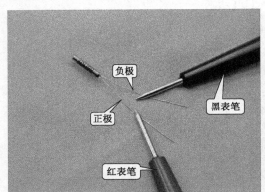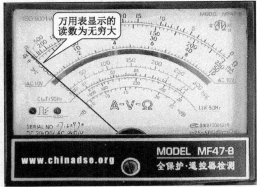

图 5-43　光敏二极管反向阻值的检测

万用表的量程和表笔位置不动，使用强光源照射光敏二极管，观察万用表指针的变化，如图 5-44 所示。

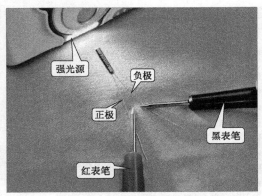

图 5-44　强光源下检测光敏二极管反向阻值

光敏二极管在正常光照下的阻值变化规律与普通二极管的判别规律相同，只要当光敏二极管在强光源下，正向阻值和反向阻值都相应减小说明其完好，若没有变化说明该光敏二极管损坏。

技能演示 5.2.7 双向触发二极管的检测训练

如图 5-45 所示为双向触发二极管的实物外形。

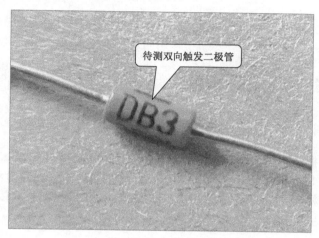

图 5-45 双向触发二极管的实物外形

【图解演示】

将万用表的红、黑表笔分别搭在双向触发二极管的两引脚上，观察万用表的读数，如图 5-46 所示。

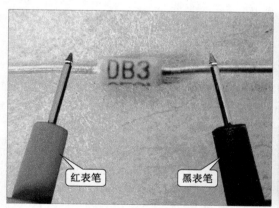 

图 5-46 双向触发二极管的实物外形

正常情况下，万用表检测双向触发二极管的两引脚阻值为无穷大，若检测时，发现测得很小的阻值或阻值为零，说明该双向触发二极管已经损坏。

项目六

▶▶▶ **三极管的识别与检测训练**

任务模块 6.1 认识三极管

新知讲解 6.1.1 了解三极管的种类特点

晶体三极管根据结构的不同可以分为 NPN 晶体三极管和 PNP 晶体三极管两大类。

晶体三极管有 3 个引脚，分别为基极（B）、集电极（C）和发射极（E）；其中基极（B）是控制极，基极（B）电流的大小控制着集电极（C）和发射极（E）之间电流的大小。

1. NPN 晶体三极管

NPN 晶体三极管是由两块 N 型半导体中间夹着一块 P 型半导体所组成的三极管，称为 NPN 型晶体三极管。

【图文讲解】

如图 6-1 所示为 NPN 型晶体三极管的实物外形。NPN 晶体三极管的电路符号是"$\overset{e}{\underset{c}{\text{b}\vdash\!\!\!\!\!<}}$"，在电路中的名称标志通常为"VT"、"Q"。

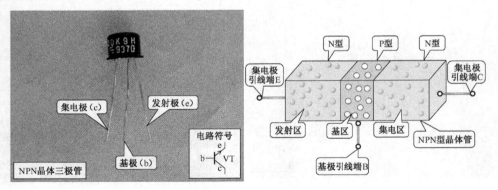

图 6-1 NPN 型晶体三极管的实物外形

晶体管是一种电流控制器件，其中基极（B）电流最小，且远小于另两个极的电流；发射极（E）电流最大（等于集电极电流和基极电流之和）；集电极（C）电流与基极（B）电流之比即为晶体三极管的放大倍数 β。

各种晶体三极管内部都分为发射区、基区和集电区，三个区域的引出线分别称为发射极、基极和集电极，并分别用 E、B 和 C 表示。发射区与基区间的 PN 结称为发射结，基区与集电区间的 PN 结称为集电结。

2．PNP 晶体三极管

PNP 晶体三极管是由两块 P 型半导体中间夹着一块 N 型半导体组成的三极管，称为 PNP 晶体三极管。

【图文讲解】

如图 6-2 所示为 PNP 型晶体三极管的实物外形。PNP 晶体三极管的电路符号是"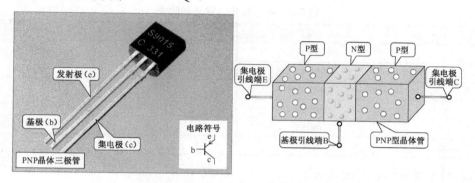"，在电路中的名称标志通常为"VT"、"Q"。

图 6-2　PNP 型晶体三极管的实物外形

新知讲解 6.1.2　搞清三极管的参数标志

1．三极管的命名及规格

对晶体三极管的命名规格各个国家都不相同，在识别时应根据命名规格进行识别。常见的晶体三极管有国产晶体三极管、日本产晶体三极管、美国产晶体三极管等。

（1）我国对三极管的命名规格

【图文讲解】

我国对晶体三极管的命名规格如图 6-3 所示。

图 6-3　晶体三极管的命名规格

① 产品名称：用数字"3"表示，表示有效极性引脚；

② 材料/极性：用字母表示，表示晶体三极管的材料和极性；

③ 类型：用字母数字表示，表示晶体三极管的类型；

④ 序号：用数字表示，表示同类产品中不同品种，以区分产品的外型尺寸和性能指标等，有时会被省略；

⑤ 规格号：表示晶体三极管生产的规格型号，有时会被省略。

材料—极性的符号、意义对照表如表 6-1 所示。

表 6-1　材料—极性的符号、意义对照表

符号	意义	符号	意义
A	锗材料、PNP 型	D	硅材料、NPN 型
B	锗材料、NPN 型	E	化合物材料
C	硅材料、PNP 型		

类型符号、意义对照表如表 6-2 所示。

表 6-2　类型符号、意义对照表

符号	意义	符号	意义
G	高频小功率管	V	微波管
X	低频小功率管	B	雪崩管
A	高频大功率管	J	阶跃恢复管
D	低频大功率管	U	光敏管（光电管）
T	闸流管	J	结型场效应晶体管
K	开关管		

（2）日本对三极管的命名规格

【图文讲解】

日本生产的晶体三极管命名如图 6-4 所示。日本生产的晶体三极管的命名规格由 7 个部分构成，通常只会用到前 5 部分。

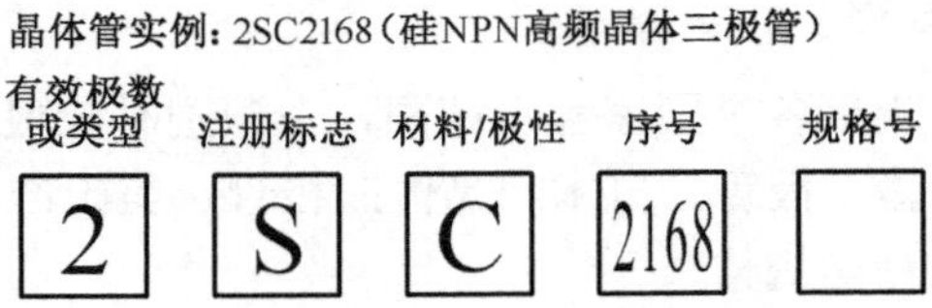

晶体管实例：2SC2168（硅NPN高频晶体三极管）

有效极数　　注册标志　材料/极性　序号　　规格号
或类型

| 2 | S | C | 2168 | |

图 6-4　日本对半导体三极管的命名规格

①有效极数或类型：用数字表示，表示有效极性引脚；

②注册标志：日本电子工业协会 JEIA 注册标志，用字母表示，S 表示已在日本电子工业协会 JEIA 注册登记的半导体器件；

③材料/极性：用字母表示，表示晶体三极管使用材料极性和类型；

④序号：用数字表示在日本电子工业协会 JEIA 登记的顺序号，两位以上的整数从"11"开始，表示在日本电子工业协会 JEIA 登记的顺序号；不同公司的性能相同的器件可以使用同一顺序号；数字越大，越是近期产品。

⑤规格号：用字母表示同一型号的改进型产品标志。A、B、C、D、E、F 表示这一器件是原型号产品的改进产品。

有效极数-类型的符号、意义对照表如表 6-3 所示。

表 6-3　有效极数—类型的符号、意义对照表

符号	意义	符号	意义
0	光电（光敏）二极管	2	三极或 2 个 PN 结的三极管
1	二极管	3	四极或 3 个 PN 结的三极管

材料-极性的符号、意义对照表如表 6-4 所示。

表 6-4　材料—极性符号、意义对照表

符号	意义	符号	意义
A	PNP 型高频管	G	N 控制极可控硅
B	PNP 型低频管	H	N 基极单结晶体管
C	NPN 型高频管	J	P 沟道场效应管
D	NPN 型低频管	K	N 沟道场效应管
F	P 控制极可控硅	M	双向可控硅

（3）美国对三极管的命名规格

【图文讲解】

美国生产的晶体三极管的命名规格如图 6-5 所示。

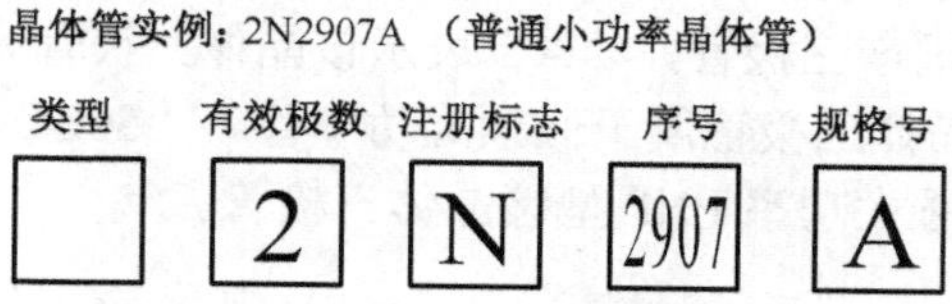

晶体管实例：2N2907A　（普通小功率晶体管）

类型	有效极数	注册标志	序号	规格号
	2	N	2907	A

图 6-5　美国对三极管的命名规格

①类型：表示器件的用途类型；

②有效极数：用数字表示，表示有效 PN 结极数（2 表示三极管）；

③注册标志：美国电子工业协会（EIA）注册标志。N 表示该器件已在美国电子工业协会（EIA）注册登记；

④序号：用多位数字表示，美国电子工业协会登记顺序号。

⑤规格号：用字母表示同一型号的改进型产品标志。A、B、C、D……同一型号器件的不同档别用字母表示。

类型的符号、意义对照表如表 6-5 所示。

表 6-5　类型的符号、意义对照表

符号	意义	符号	意义
JAN	军级	JANS	宇航级
JANTX	特军级	无	非军用品
JANTXV	超特军级		

有效极数的符号、意义对照表如表 6-6 所示。

表 6-6　有效极数的符号、意义对照表

符号	意义	符号	意义
1	二极管（1 个 PN 结）	3	3 个 PN 结
2	三极管（2 个 PN 结）	n	n 个 PN 结

欧洲对三极管的命名规格如表 6-7 所示。

表 6-7　欧洲三极管的命名规格及符号、意义对照表

第一部分		第二部分	第三部分	第四部分
A	锗材料	C 低频小功率管		
		D 低频大功率管		
B	硅材料	F 高频小功率管	三位数字表	β 值
		L 高频大功率管	示登记序号	分档标志
		S 小功率开关管		
		U 大功率开关管		

2．晶体三极管的标注方法

【图文讲解】

　　晶体三极管主要采用直接标注的方法，如图 6-6 所示。从外形上看，该晶体三极管采用的是 F 型金属封装形式，在管子的表面标注为"3AD50C"。根据晶体三极管的命名规格可知，该晶体三极管为国产三极管，"A"表示该晶体三极管为锗材料制作的 PNP 型晶体三极管，"D"表示该晶体三极管属于低频大功率管。"50C"则为该管子的产品编号。因此，该晶体三极管为低频大功率 PNP 型锗晶体三极管。

图 6-6　国产晶体三极管的标注实例

3．晶体三极管的主要参数

晶体三极管的主要参数名称如表 6-8 所示。

表 6-8　晶体三极管的主要参数名称

参数	BV_{CEO}	I_{cm}	P_{cm}	β	f_T
含义	集电极与发射极反向击穿电压	集电极最大允许电流	最大允许耗散功率	放大倍数	特征频率

新知讲解 6.1.3　知晓三极管的特性及功能特点

　　晶体三极管也称半导体三极管（简称"晶体管"或"三极管"），是电子电路中非常重要的半导体器件。利用晶体三极管对电流的放大功能，可以实现对信号进行放大、变换和控制。

1．三极管的基本特性

【图文讲解】

　　晶体三极管最重要的功能就是它具有电流放大作用。如图 6-7 所示是晶体管三极管的放大作用的原理。晶体三极管的放大作用我们可以理解为一个水闸。由水闸上方流下的水流可以理解为集电极（C）的电流 I_C，由水闸侧面流入的水流我们称为基极（B）电流 I_B。当 I_B 有水流流过，闸门受到冲击便会开启，这样水闸侧面的水流（相当于电流 I_B）与水闸上方的水流（相当于电流 I_C）就汇集到一起流下（相当于发射极 E 的电流 I_E）。可以看到，控制水闸侧面流过很小的水流流量（相当于电流 I_B），就可以控制水闸上方流下的大水流流量（相当于电流 I_C）。这就相当于三极管的放大作用。

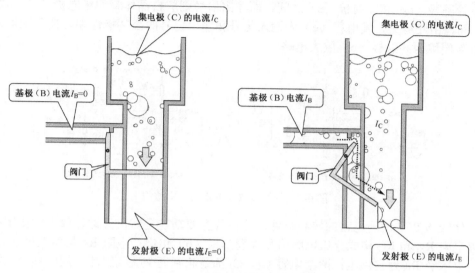

图 6-7　晶体三极管的放大原理

可以看到，水闸侧面流过很小的水流流量（相当于电流 I_B），就可以控制水闸上方（相当于电流 I_C）流下的大水流流量。这就相当于晶体三极管的放大作用，如果水闸侧面没有水流流过，就相当于基极电流 I_B 被切断，那么水闸闸门关闭、上方到下方就都没有水流流过，相当于集电极（C）到发射极（E）的电流也被关断了。

【资料链接】

NPN 型晶体管和 PNP 型晶体三极管的极性不同，但工作过程相同，如图 6-8 所示。

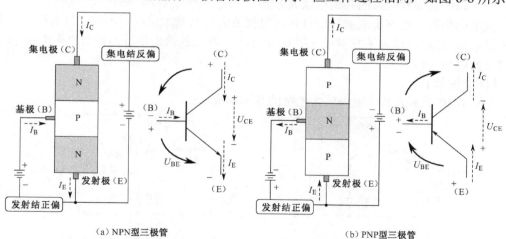

（a）NPN型三极管　　　　　　　　　　（b）PNP型三极管

图 6-8　三极管正常工作时各极的极性和电流方向

NPN 型晶体三极管放大信号基本的条件是保证基极和发射极之间加正向电压（正偏），集电极和发射极之间加正向电压（内部集电极与基极之间的 PN 结成反偏）。基极相对于发射极为正极性电压，基极相对于集电极则为负极性电压。

（1）三极管构成的共射极放大器

【图文讲解】

图 6-9 所示为共射极放大电路的基本结构，从图中可以看到该类电路是将输入信号加到晶体管基极（b）和发射极（e）之间，而输出信号则取自晶体管的集电极（c）和发射极（e）之间，由此可见，发射极（e）为输入信号和输出信号的公共接地端，具有这种特点的单元电路便称为共射极（e）放大电路。

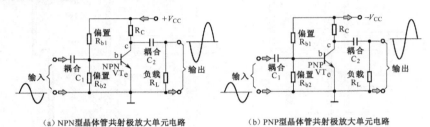

（a）NPN型晶体管共射极放大单元电路　　　　（b）PNP型晶体管共射极放大单元电路

图 6-9　共射极放大电路的基本结构

晶体管 VT 是这一电路的核心器件，晶体管主要功能是对信号进行放大的作用；电路中偏置电阻 R_{b1} 和 R_{b2} 构成分压电路给晶体管基极（b）供电；电阻 R_C 是集电极（c）负载电阻，电压经 R_C 为它供电；两个电容 C_1、C_2 都是起到通交流隔直流作用的耦合电容；电阻 R_L 则是承载输出信号的负载电阻。

该电路中的主信号流程：输入信号首先经电容 C_1 耦合到晶体管 VT 的基极，经晶体管 VT 放大后由其集电极输出，并经电容 C_2 输出。

【提示】

值得注意的是，NPN 型与 PNP 型晶体管放大器的最大不同之处在于供电电源：采用 NPN 型晶体管的放大器，供电电源是正电源送入晶体管的集电极（c）；采用 PNP 型晶体管的放大器，供电电源是负电源送入晶体管的集电极（c）。

（2）晶体三极管构成的共集电极放大器

共集电极放大电路组成的元器件和共射极放大电路基本相同，不同之处有两点：其一是将集电极电阻 R_C 移到了发射极（用 R_E 表示），其二是输出信号不再取自集电极（c）而是取自发射极（e）。

【图文讲解】

如图 6-10 所示为共集电极放大电路的基本构成。

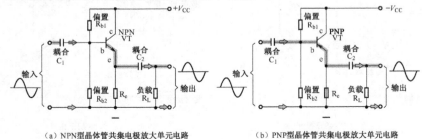

（a）NPN型晶体管共集电极放大单元电路　　　　（b）PNP型晶体管共集电极放大单元电路

图 6-10　共集电极晶体管放大器单元电路

该电路中，两个偏置电阻 R_{b1} 和 R_{b2} 构成分压电路给晶体管基极（b）供电；R_e 是晶体管发射极（e）的负载电阻；两个电容都是起通交流隔直流的作用；电阻 R_L 则是负载电阻。

输入信号首先经电容 C_1 耦合到三极管 VT 的基极，经三极管 VT 放大后由其发射极输出，并经耦合电容 C_2 输出。

与共发射极晶体管放大器一样，NPN 型与 PNP 型晶体管放大器的最大不同之处也是供电电源的不同。

【提示】

值得注意的是，由于晶体管放大器单元电路的供电电源的内阻很小，对于交流信号来说电源的正负极间相当于短路。交流接地端等效于电源，也就是说，晶体管集电极（c）接电源，对交流信号来说，相当于接地。输入信号是加载到晶体管基极（b）和发射极（e）之间，也就相当于加到晶体管基极（b）和集电极（c）之间，输出信号取自晶体管的发射极（e），也就相当于取自晶体管发射极（e）和集电极（c）之间，因此集电极（c）为输入信号和输出信号的公共端，故称为共集电极放大电路。这种放大器又称射极输出器或射极跟随器。

（3）晶体三极管构成的共基极放大电路

共基极放大电路的结构特点是将输入信号加载到晶体管发射极（e）和基极（b）之间，而输出信号则取自晶体管的集电极（c）和基极（b）之间，由此可见，基极（b）为输入信号和输出信号的公共端，因而该电路称为共基极（b）晶体管放大器。

【图文讲解】

如图 6-11 所示为共基极放大电路的基本结构。

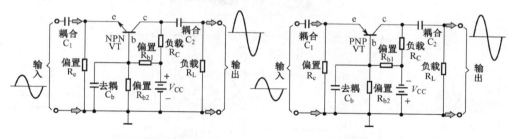

（a）NPN型晶体管共基极放大器单元电路　　　　（b）PNP型晶体管共基极放大器单元电路

图 6-11　共基极晶体管放大器单元电路

该电路主要是由三极管 VT、电阻器 R_{b1}、R_{b2}、R_C、R_L 和耦合电容 C_1、C_2 组成的。电路中的 4 个电阻都是为了建立静态工作点而设置的，其中 R_C 还兼具集电极（c）的负载电阻；电阻 R_L 是负载端的电阻；两个电容 C_1 和 C_2 都是起到通交流隔直流作用的耦合电容；去耦电容 C_b 是为了使基极（b）的交流直接接地，起到去耦合的作用，即起消除交流负反馈的作用。

共基极放大电路的特点是具有较大的电压放大倍数，但电流放大近似于 1（无电流放大能力）、输入阻抗小（几十欧姆）、输出阻抗大（几百千欧）。常用于高频放大及振荡电路等。

2. 三极管的功能特点

【图文讲解】

晶体三极管的信号放大功能如图 6-12 所示。这是一个三极管构成的基本放大电路。

交流信号由输入端输入，经晶体三极管放大，在输出端便可以得到与放大的相位相反的交流信号。

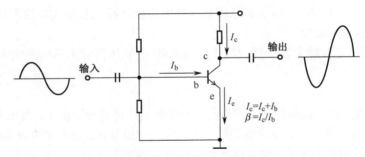

图 6-12　晶体三极管的信号放大功能

【图文讲解】

　　晶体三极管的阻抗调整功能如图 6-13 所示。这是一个稳压电路，电路中的晶体三极管 VT1（调整管）起调整作用。三极管 VT2（误差放大管）起稳压作用。R_{C2} 是 VT2 的集电极负载电阻。稳压电路输出电压的变化量经 VT2 先放大，然后再送到 VT1 的基极，这样只要输出电压有一点微小的变化，就能通过 VT1 的管压降产生相应的变化。这样在输出电压变化时使 VT1 的内阻发生变化，使输出电压保持稳定。

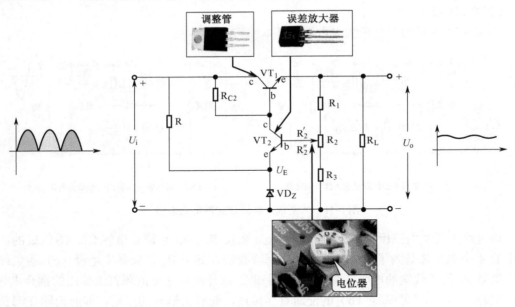

图 6-13　晶体三极管的阻抗调整功能

任务模块 6.2　掌握三极管的检测方法

技能演示 6.2.1　三极管类型的判别检测训练

　　检测晶体三极管前可以通过万用表来判断晶体三极管的类型，以保证测量的准确。晶体三极管可以分为 NPN 型和 PNP 型两种。在实际电路中，检测判别待测的晶体三极管的类型时，可以将晶体三极管内等效为两个二极管，二极管具有单向导电性，用万用表测量正向阻抗很低，而反向阻抗为无穷大。待测的晶体三极管，假设左边的引脚为基极。根据集电极（c）与发射极（e）两极间的正反向阻抗都很大的特点，通常大于几百千欧，根据这个简单的等效电路可判别出基极（b）。

待测晶体三极管的实物外形如图 6-14 所示。检测晶体三极管时，最好选择反应灵敏的指针万用表。

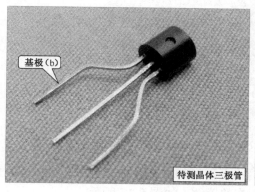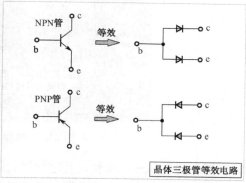

图 6-14 待测晶体三极管的实物外形图

【图解演示】

将万用表的量程调整至"×1k"欧姆挡，并进行调零校正。将万用表的黑表笔搭在假设的基极（b）引脚处，红表笔分别接集电极（c）或发射极（e）引脚处。三极管引脚判别方法如图 6-15 所示，观察万用表的读数。

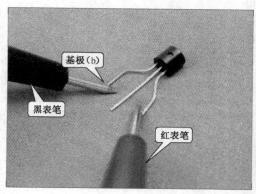

图 6-15 判断晶体三极管引脚类型

若测得的两个阻值均为低阻值（约为 8 kΩ），则黑表笔所接引脚为基极，待测的晶体三极管为 NPN 型；若测得的阻值为高阻值（约为无穷大），则待测的晶体三极管为 PNP 型。

技能演示 6.2.2 三极管引脚极性的判别检测训练

1. NPN 型晶体三极管引脚极性判别方法

【图解演示】

对待测三极管只知道为 NPN 型三极管，其引脚极性不明，则在判别晶体三极管类型时就需要先假设一个引脚为基极（B），如图 6-16 所示。

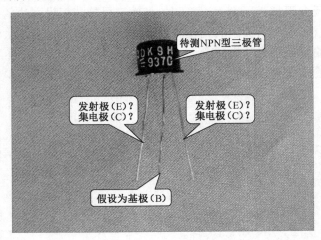

图 6-16　待测 NPN 型三极管

对万用表的量程进行调整，并进行零欧姆校正，将万用表的黑表笔搭在假设的基极引脚，红表笔分别搭在另外两只引脚，观察万用表的读数，如图 6-17 所示。

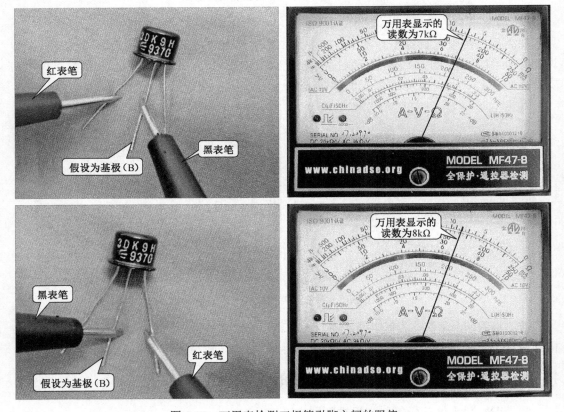

图 6-17　万用表检测三极管引脚之间的阻值

经检测，万用表的检测量程结果都有一个小数值，则说明假设的引脚为基极正确，下面对其他两引脚进行判断，将万用表分别搭在另外两引脚（假设黑表笔搭在的引脚为集电极，红表笔搭在的引脚为发射极），观察万用表的读数，如图 6-18 所示。

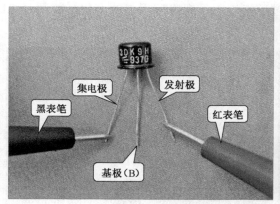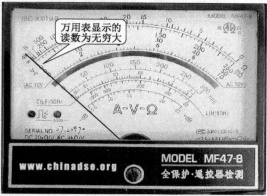

图 6-18　检测集电极和发射极之间的阻值

万用表的读数为无穷大，万用表的表笔的量程和表笔位置不动，用手接触基极（B）引脚和集电极（C）引脚，此时相当于给基极加一电阻，万用表内的电池如图 6-19 所示。

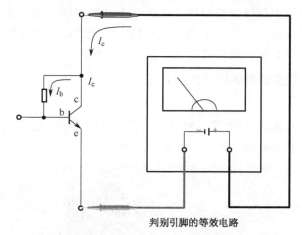

图 6-19　万用表内的电池

便有微小基极电流通过手指流入，观察万用表的变化，如图 6-20 所示。

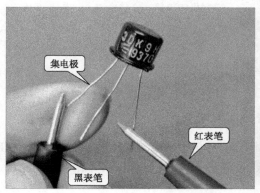

图 6-20　其他引脚的判别

将万用表的两表笔对调，且同样用手接触基极（B）引脚和发射极引脚，此时相当于给基极加一电阻，便有微小基极电流通过手指流入，观察万用表的变化，如图 6-21 所示。

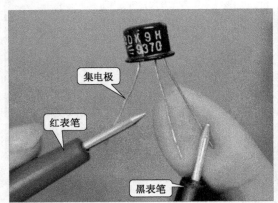

图 6-21　其他引脚的判别

根据检测，发现黑表笔搭在集电极、红表笔搭在发射极，用手连接基极和集电极时，万用表有一个大角度偏转；当黑表笔搭在发射极、红表笔搭在集电极，用手连接基极和发射极时，万用表有一个小角度的偏转，说明假设是正确的。

2．PNP 型晶体三极管引脚极性判别方法

【图解演示】

对待测三极管只知道为 PNP 型三极管，其引脚极性不明，则在判别晶体三极管类型时就需要先假设一个引脚为基极（B），如图 6-22 所示。

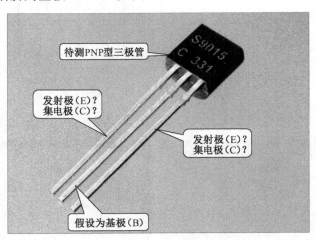

图 6-22　待测 PNP 型三极管

对万用表的量程进行调整"×1k"欧姆挡，并进行零欧姆校正，将万用表的红表笔搭在假设的基极引脚，将黑表笔分别搭在另外两只引脚上，观察万用表的读数，如图 6-23 所示。

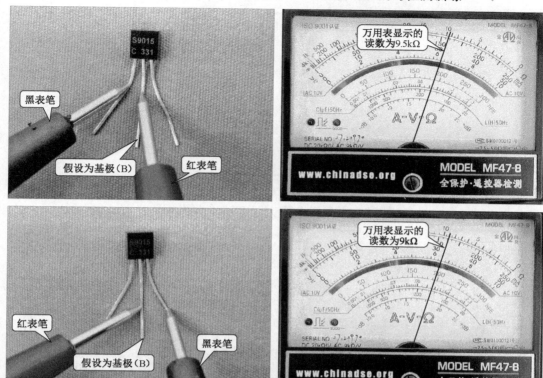

图 6-23　万用表检测三极管引脚之间的阻值

经检测，万用表的检测的量程结果都有一个小数值，则说明假设的引脚为基极正确，下面对其他两引脚进行判断，将万用表分别搭在另外两引脚（假设黑表笔搭在的引脚为集电极，红表笔搭在的引脚为发射极），观察万用表的读数，如图 6-24 所示。

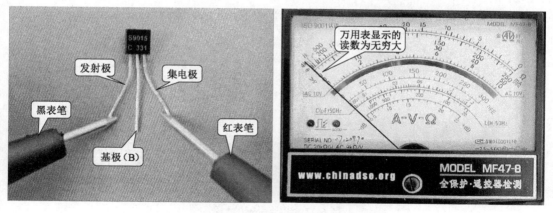

图 6-24　检测集电极和发射极之间的阻值

万用表的读数为无穷大，万用表表笔的量程和表笔位置不动，用手接触基极（B）引脚和集电极（C）引脚，此时相当于给基极加一电阻，便有微小基极电流通过手指流入，与测 NPN 管的极性相反，如图 6-25 所示。观察万用表的变化，如图 6-26 所示。

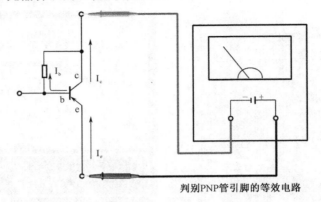

判别PNP管引脚的等效电路

图 6-25　检测 PNP 管与测 NPN 管的极性相反

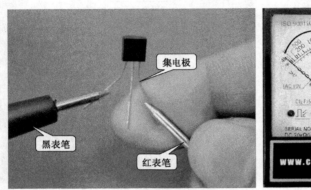

图 6-26　其他引脚的判别

　　将万用表的两表笔对调，且同样用手接触位于基极（B）引脚和发射极引脚，此时相当于给基极加一电阻，便有微小基极电流通过手指流入，观察万用表的变化，如图 6-27 所示。

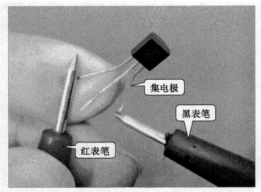

图 6-27　其他引脚的判别

　　根据检测，发现红表笔搭在集电极、黑表笔搭在发射极，用手连接基极和集电极时，万用表有一个大角度偏转；当红表笔搭在发射极、黑表笔搭在集电极，用手连接基极和发射极时，万用表有一个小角度的偏转，说明假设是正确的。

【资料链接】

值得注意的是，对于三极管的集电极和发射极的判别，还可以用舌头舔触基极的方法区分晶体管的集电极和发射极，红、黑表笔分别搭在除基极的外两只引脚上，然后用舌头添触一下基极引脚，观察万用表指针的摆动情况；对调表笔后，仍按上述操作进行，再次观察万用表指针的摆动幅度，如图 6-28 所示。

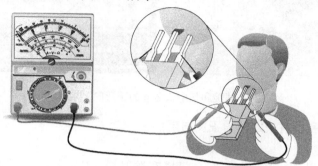

图 6-28　三极管集电极和发射极的判别

● 对于 NPN 型三极管，比较两次测量中万用表指针的摆动幅度，以摆动幅度大的一次为准，黑表笔所接引脚为集电极（C），另一只引脚为发射极（E）。

● 对于 PNP 型三极管，比较两次测量中万用表指针的摆动幅度，以摆动幅度大的一次为准，红表笔所接引脚为集电极（C），另一只引脚为发射极（E）。

技能演示 6.2.3　三极管性能的检测训练

用检测晶体三极管各引脚之间电阻值的方法，可以判断性能的好坏，下面我们分别以 PNP 型晶体三极管和 NPN 型晶体三极管为例，介绍其检测方法。

1. NPN 型晶体三极管性能的检测方法

在检测前应查询晶体管数据手册确认晶体管引脚功能。

（1）检测基极和集电极之间的正反向阻抗

【图解演示】

将万用表调至"×1k"欧姆挡，进行零欧姆校正后，将黑表笔搭在基极（B）上，红表笔搭在集电极（C）上，如图 6-29 所示，检测两引脚间的正向阻抗，阻值为 18.5 kΩ；对换表笔后，检测两引脚间的反向阻抗，阻值为无穷大。

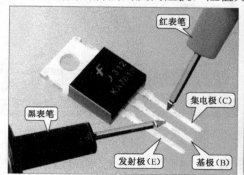

图 6-29　基极和集电极之间的正反向阻抗

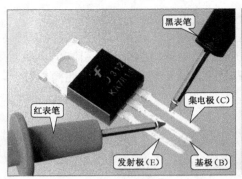

图 6-29　基极和集电极之间的正反向阻抗（续）

（2）检测基极和发射极之间的正反向阻抗

【图解演示】

　　将黑表笔搭在基极（B）上，红表笔搭在发射极（E）上，如图 6-30 所示，检测两引脚间的正向阻抗，阻值为 18.5kΩ；对换表笔后，检测两引脚间的反向阻抗，阻值为无穷大。

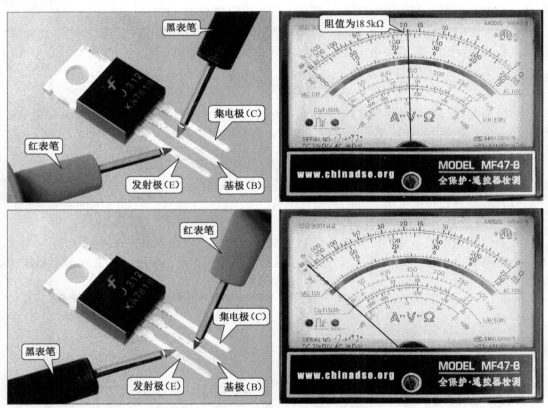

图 6-30　基极和发射极之间的正反向阻抗

　　正常情况下，NPN 型晶体三极管的 3 个引脚中，只有黑表笔搭在基极时，测量与集电极、发射极之间的正向阻抗有一定阻值，其余各阻值均为无穷大。

2．PNP 型晶体三极管性能的检测方法

（1）检测基极和集电极之间的正反向阻抗

【图解演示】

将万用表调至"×1k"欧姆挡，进行零欧姆校正后，将红表笔搭在基极（B）上，黑表笔搭在集电极（C）上，如图 6-31 所示，检测两引脚间的正向阻抗，阻值为 9 kΩ；对换表笔后，检测两引脚间的反向阻抗，阻值为无穷大。

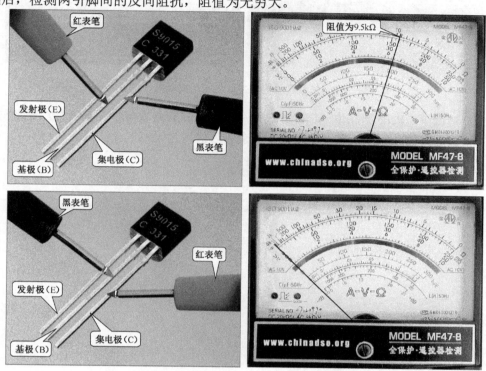

图 6-31　基极和集电极之间的正反向阻抗

（2）检测基极和发射极之间的正反向阻抗

【图解演示】

将红表笔搭在基极（B）上，黑表笔搭在发射极（E）上，如图 6-32 所示，检测两引脚间的正向阻抗，阻值为 9.5 kΩ；对换表笔后，检测两引脚间的反向阻抗，阻值为无穷大。

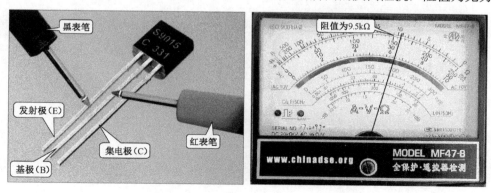

图 6-32　基极和发射极之间的正反向阻抗

123

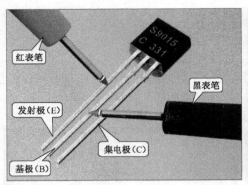

图 6-32　基极和发射极之间的正反向阻抗（续）

　　正常情况下，PNP 型晶体三极管的 3 个引脚中，只有红表笔搭在基极时，测量与集电极、发射极之间的正向阻抗有一定阻值，其余各阻值均为无穷大。

场效应管的识别与检测训练

任务模块 7.1　认识场效应管

新知讲解 7.1.1　了解场效应管的种类特点

场效应管根据结构的不同可以分为结型场效应管和绝缘栅型场效应管两大类。场效应管一般具有 3 个极（双栅管具有 4 个极）栅极 G、源极 S 和漏极 D，它们的功能分别对应于前述的晶体三极管双极型的基极 B、发射极 E 和集电极 C。由于场效应管的源极 S 和漏极 D 在结构上是对称的，因此在实际使用过程中有一些可以互换。

1. 结型场效应管

【图文讲解】

结型场效应管是利用沟道两边的耗尽层宽窄，改变沟道导电特性来控制漏极电流的，如图 7-1 所示为结型场效应管的实物外形。

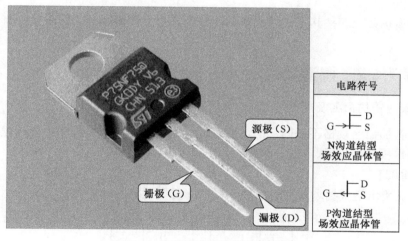

图 7-1　结型场效应管的实物外形

【资料链接】

结型场效应管按其导电沟道可分为 N 沟道和 P 沟道两种，结型场效应管是在一块 N 型（或 P 型）半导体材料两边制作 P 型（或 N 型）区，从而形成 PN 结所构成的。与中间半导体相连接的两个电极称为漏极 Drain（用 D 表示）和源极 Source（用 S 表示），而把两侧的半导体引出的电极相连接在一起称为栅极 Gate（用 G 表示）。如果把结型场效应管与普通晶体三极管做一对照，则漏极（D）相当于集电极（C），源极（S）相当于发射极（E），栅极（G）相当于基极（B），场效应晶体管是电压控制器件，而晶体管是电流控制器件，这是两者的主要区别。

2．绝缘栅型场效应管（MOS-FET）

【图文讲解】

绝缘栅型场效应管是利用感应电荷的多少，改变沟道导电特性来控制漏极电流的，如图 7-2 所示为绝缘栅型场效应管的实物外形。它与结型场效应管的外形相同，只是型号标记不同。

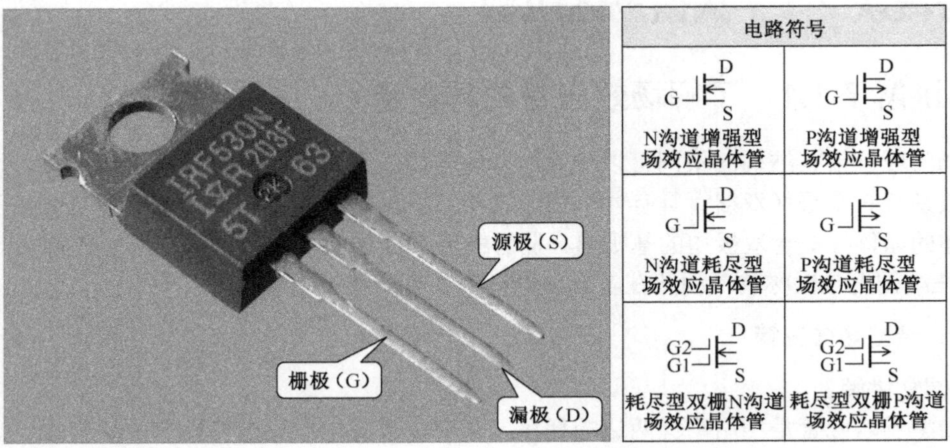

图 7-2　绝缘栅型场效应管的实物外形

绝缘栅型场效应管按其工作方式的不同分为耗尽型和增强型，同时又都有 N 沟道及 P 沟道。

新知讲解 7.1.2　搞清场效应管的参数标志

1．场效应管的命名及规格

场效应管的命名规格不是固定的，型号、厂家等不同，命名规格也有所差异。

（1）根据极性、材料、类型采取的命名规格

【图文讲解】

如图 7-3 所示是根据场效应管极性、材料、类型采取的命名规格。

极性　材料　类型　规格号

3 □ □ □

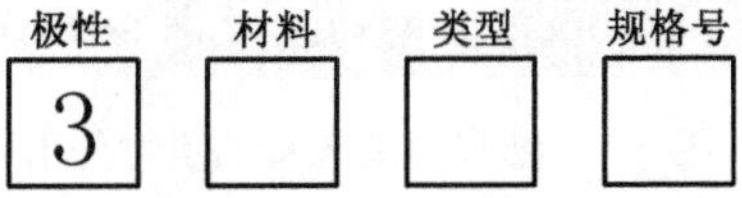

图 7-3　根据场效应管极性、材料、类型采取的命名规格

- 极性：用数字表示，3 表示三电极；
- 材料：用字母表示，表示场效应管的材料，其中，C 表示 N 型管，D 表示 P 型管；
- 类型：用字母数字表示，表示场效应管的类型，其中，J 表示结型场效应管，O 表

示绝缘栅型场效应管。

【图文讲解】

如图 7-4 所示为根据极性、材料、类型进行命名的实例，其标志为"3DJ61"。其中："3"表示 3 个电极；"D"表示该管为 P 型管；"J"表示该管为结型场效应管；"61"则表示其规格号。

图 7-4 根据极性、材料、类型进行命名的实例

（2）根据类型、序号采取的命名规格

【图文讲解】

如图 7-5 所示是根据场效应管的类型、序号采取的命名规格。

图 7-5 根据场效应管的类型、序号采取的命名规格

● 类型：表示场效应管；

● 序号：表示场效应管的型号序号；

● 规格号：表示同种类型不同规格。

例如，标志为"CS14A"的场效应管，其中：通过"CS"可表明该晶体管为场效应管；"14"代表该管的型号序号；"A"则为该管的规格号。

（3）根据漏极电流、沟道等采取的命名规格

【图文讲解】

如图 7-6 所示是根据场效应管的漏极电流、沟道等参数指标采取的命名规格。

图 7-6 根据场效应管的漏极电流、沟道等参数指标采取的命名规格

● 前缀：用字母表示，作用是对场效应管进行区分；

- 漏极电流：表示漏极电流 I_D 为 2A；
- 沟道：表示场效应管的沟道，N 表示 N 沟道，P 表示 P 沟道；
- 耐压值：表示栅源击穿电压 V_{DSS} 等的耐压数值；
- 编码：表示器件编码等。

【图文讲解】

如图 7-7 所示为根据漏极电流、沟道等进行命名的实例，该场效应管为东芝 TOSHIBA 超大电流 N 沟道场效应管，其标志为 "GT60N321"。其中："GT" 为前缀字母；"60" 表示漏极电流；"N" 表示该管为 N 沟道场效应管；"321" 则为编码。

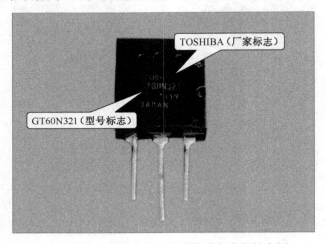

TOSHIBA（厂家标志）

GT60N321（型号标志）

图 7-7　根据漏极电流、沟道等进行命名的实例

2．场效应管的主要参数

场效应管的主要参数有夹断电压、开启电压、饱和漏电流、直流输入电阻、漏极击穿电压、栅源击穿电压、跨导、漏源动态内阻、极间电容等。

（1）夹断电压 U_P

在结型场效应管（或耗尽型绝缘栅管）中，当栅源间反向偏压 U_{GS} 足够大时，沟道两边的耗尽层充分地扩展，并会使沟道 "堵塞"，即夹断沟道（$I_{DS}≈0$），此时的栅源电压，称为夹断电压。通常 U_P 的值为 -1～-5V。

（2）开启电压 U_T

在增强型绝缘栅场效应管中，当 U_{DS} 为某一固定数值时，使沟道可以将漏、源极连通起来的最小 U_{GS} 即为开启电压。

（3）饱和漏电流 I_{DSS}

在耗尽型场效应管中，当栅源间电压 $U_{GS}=0$，漏源电压 U_{DS} 足够大时，漏极电流的饱和值，称为饱和漏电流。

（4）直流输入电阻 R_{GS}

在场效应管输入端即栅源之间所加电压 U_{GS} 与栅极电流之比值，称为直流输入电阻 R_{GS}。它的阻值可达 $10^3\,M\Omega$，高输入阻抗是它的一大特点。

（5）漏源击穿电压 $U_{(BR)DSS}$

在场效应管中，当栅源电压 U_{GS} 一定时，在增加漏源电压的过程中，使漏电流 I_D 开始急剧增加时的漏源电压，称为漏源击穿电压 $U_{\text{(BR) DSS}}$。

（6）栅源击穿电压 $U_{\text{(BR) DSS}}$

在结型场效应管中，反向饱和电流急剧增加时的栅源电压（将反向偏置电压加到栅极和源极之间时），称为栅源击穿电压 $U_{\text{(BR) DSS}}$。

（7）跨导 g_m

在漏源电压 U_{DS} 一定时，漏电流 I_D 的微小变化量 ΔI_D 与引起这一变化量的栅源电压的微小变化量 ΔU_{GS} 之比，称为跨导 g_m。它能表征栅源电压对漏极电流的控制能力。

（8）漏源动态内阻 r_{DS}

当 U_{GS} 一定时，U_{DS} 的微小变化量 ΔU_{DS} 与相应的 I_D 的变化量 ΔI_D 之比，称为漏源动态内阻 r_{DS}。

（9）极间电容

场效应管的 3 个电极间都存在着极间电容，即栅源电容 C_{GS}、栅漏电容 C_{GD} 和漏源电容 C_{DS}。通常 C_{GS}、C_{GD} 的电容值为 1～3 pF；C_{DS} 电容值为 0.1～1 pF。在超高频电路中要考虑极间电容的影响。

新知讲解 7.1.3 知晓场效应管的特性及功能特点

1. 场效应管的基本特性

【图文讲解】

场效应管具有电压放大的作用，如图 7-8 所示为结型场效应管的工作原理说明图。当 G、S 间不加反向电压时（$U_{GS}=0$），PN 结（图中阴影部分）的宽度窄，导电沟道宽，沟道电阻小，I_D 电流大（DS 间的电流）；当 G、S 间加负电压时，PN 结的宽度增加，导电沟道宽度减小，沟道电阻增大；当 G、S 间负向电压进一步增加时，PN 结宽度进一步加宽，两边 PN 结合拢（称夹断），沟道电阻很大，电流 I_D 为 0。通常把导电沟道刚被夹断的 U_{GS} 值称为夹断电压，用 U_P 表示。可见，结型场效应管在某种意义上是一个用电压控制的可变电阻。

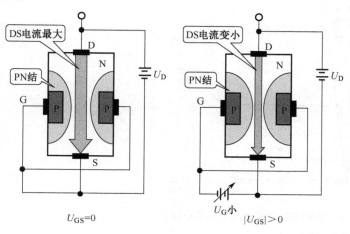
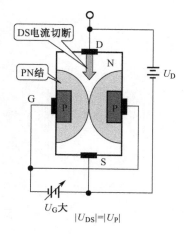

图 7-8 场效应的工作原理

场效应管的主要特性有两个，即转移特性和输出特性。

（1）场效应管的转移特性曲线

【图文讲解】

栅极电压（U_{GS}）对漏极电流（I_D）的控制作用称为转移特性，反映这两者之间关系的曲线称为转移特性曲线，如图 7-9 所示为 N 沟道结型场效应管的转移特性曲线。当栅极电压 U_{GS} 取不同的电压值时，漏极电流 I_D 将随之改变。当 $I_D=0$ 时，U_{GS} 的值为场效应管的夹断电压 U_P；当 $U_{GS}=0$ 时，I_D 的值为场效应管的饱和漏极电流 I_{DSS}。

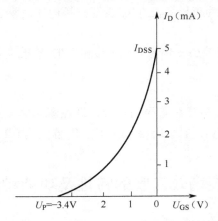

图 7-9　N 沟道结型场效应管的转移特性

（2）场效应管的输出特性曲线

【图文讲解】

在 U_{GS} 一定时，反映 I_D 与 U_{DS} 之间的关系曲线为输出特性曲线，也称为漏极特性曲线。如图 7-10 所示为 N 沟道结型场效应管的输出特性曲线。由图 7-9 可见，它分为 3 个区：饱和区、击穿区和非饱和区。起放大作用时，应工作在饱和区（这一点与前面讲的普通三极管叫法不同）。但要注意，此处的"饱和区"对应普通三极管的"放大区"。

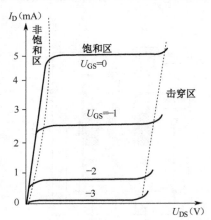

图 7-10　N 沟道结型场效应管的输出特性

2. 场效应管的功能特点

场效应管（Field-Effect Transistor），简称 FET，它是一种半导体器件，具有输入阻抗高、噪声小、热稳定性好、便于集成等特点，但容易被静电击穿。

【图文讲解】

　　场效应管是一种电压控制的半导体器件，通常用来制作低噪声高增益放大器，如图 7-11 所示为场效应管电压放大的原理示意图。它与普通晶体三极管的不同之处在于它是电压控制器件，而晶体三极管是电流控制器件。

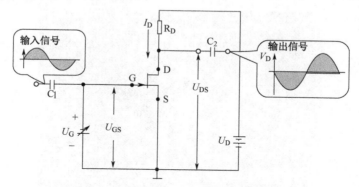

图 7-11　场效应管电压放大的原理示意图

【提示】

　　场效应管的功能与三极管相似，可用来制作信号放大器、振荡器和调制器等。由场效应管组成的放大器基本结构有 3 种，即共源极（S）放大器、共栅（G）放大器和共漏极（D）放大器，如图 7-12 所示。

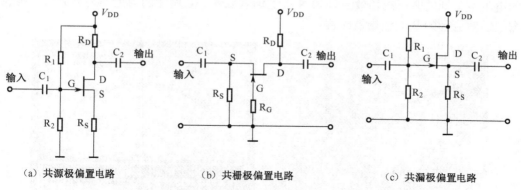

（a）共源极偏置电路　　　　（b）共栅极偏置电路　　　　（c）共漏极偏置电路

图 7-12　由场效应管构成的放大器

　　由于场效应管是一种电压控制器件，栅极不需要控制电流，只需要有一个控制电压（如天线感应的微小信号），整个放大电路即可工作。因此，由场效应管构成的放大电路常应用于小信号高频放大器中，例如收音机的高频放大器、电视机的高频放大器，等等。

任务模块 7.2　掌握场效应管的检测方法

技能演示 7.2.1　场效应管类型的判别检测训练

　　场效应管类型的判别主要是根据管上的标志去查阅技术资料，也可以通过检测来判别。

检测场效应管前可以通过万用表来判断场效应管的沟道类型，以保证测量的准确，下面以结型场效应管为例来说明一下场效应管类型的判别方法。

【图解演示】

如图 7-13 所示为待测结型场效应管，其引脚排列从左到右依次是源极（S）、栅极（G）和漏极（D），检测前需将场效应管的各个引脚进行清洁，去除表面污物，以确保测量准确。

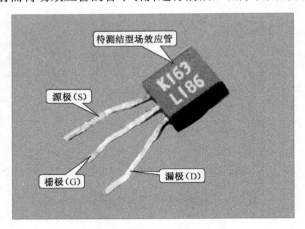

图 7-13　待测结型场效应管

将万用表调至"×10"欧姆挡，并进行零欧姆调整，接着将万用表的黑表笔搭在场效应管的栅极 G 上，将红表笔分别接触源极 S 和漏极 D，如图 7-14 所示。若均能测得一个固定的电阻值，则表明所测场效应管为 N 沟道场效应管。若所测的阻值均为无穷大，则表明所测的场效应管为 P 沟道场效应管。

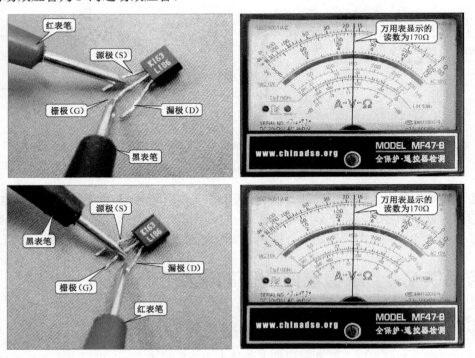

图 7-14　判断结型场效应管的类型

技能演示 7.2.2　场效应管引脚极性的判别检测训练

一般情况下，许多三极管和场效应管在外形上十分相似。场效应管的判别也主要是根据标志查阅技术资料。在电路板上识别场效应管时，通常都会标注有引脚极性标志。

【图文讲解】

如图 7-15 所示的电路板上的场效应管，在电路板上每个引脚都对应一个字母标志。分别指出了场效应管的 3 个引脚依次为源极 S、栅极 G 和漏极 D。

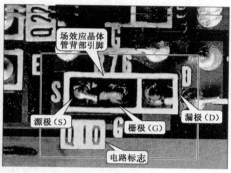

图 7-15　实际电路中的场效应管

【图解演示】

若场效应管没有标注，可用以下方法判断：将万用表的红表笔和黑表笔分别测量场效应管 3 个引脚间的正、反向阻值，如图 7-16 所示，若 2 个引脚间的正、反向阻值相近或相等，则表明当前表笔所测的为漏极（D）和源极（S）（有些场效应管的漏极和源极可以互换使用），而余下的一脚则为场效应管的栅极（G）。

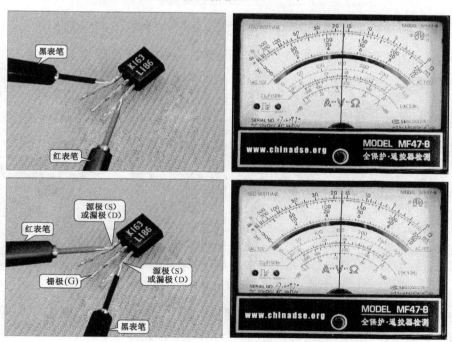

图 7-16　判断场效应管的引脚极性

技能演示 7.2.3 场效应管性能的检测训练

根据场效应管的应用环境搭建测试电路，借助信号发生器和检测仪表测量场效应管的性能是最有效的方法。用检测场效应管各引脚之间电阻值的方法，可以判断性能的好坏，其中结型场效应管和绝缘栅型场效应管的检测方法基本相同，下面就以结型场效应管为例，介绍其检测方法。

【图解演示】

如图 7-17 所示为待测结型场效应管的实物外形，该场效应管的引脚从左到右依次为源极（S）、栅极（G）和漏极（D）。

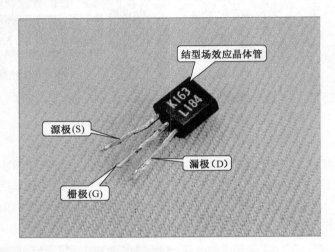

图 7-17 待测结型场效应管的实物外形

检测时，将万用表的量程调整至"×10"欧姆挡，并进行零欧姆校正，如图 7-18 所示。

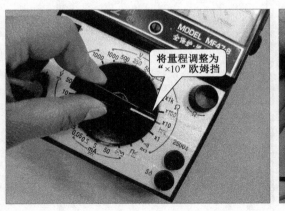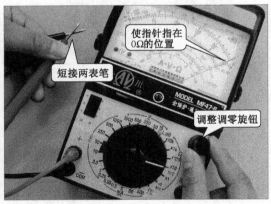

图 7-18 调整万用表量程并进行零欧姆校正

将万用表的黑表笔搭在结型场效应管的栅极（G），红表笔搭在源极（S），观察万用表的读数，如图 7-19 所示，此时可以检测到一个固定的阻值。

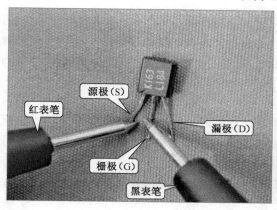

图 7-19　栅极与源极之间的阻值检测

　　万用表的量程和黑表笔的位置不变，将红表笔搭在漏极（D），观察万用表的读数，如图 7-20 所示，此时可以检测到一个固定的阻值。

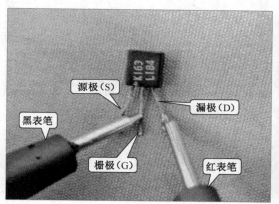

图 7-20　栅极与漏极之间的阻值检测

　　接着检测场效应管漏极（D）和源极（S）引脚间的阻值，检测时将万用表调至"×1 k"欧姆挡，黑表笔搭在漏极（D），红表笔搭在源极（S），如图 7-21 所示，此时可以检测到一个固定的阻值。

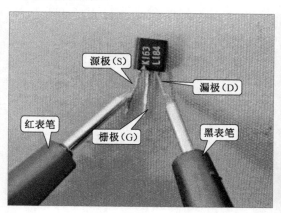

图 7-21　漏极与源极之间的阻值检测

检测结型场效应管时，黑表笔搭在栅极，红表笔搭在源极或漏极，可测得一个固定阻值，对换表笔后，万用表的读数为无穷大；检测漏极与源极之间的阻值时，正、反向都有一个固定阻值，说明该结型场效应管良好，若检测的阻值趋于无穷大或零，说明该结型场效应管损坏。

【资料链接】

此外，还应对场效应管的放大能力进行检测，检测时将红表笔搭在源极 S 上，黑表笔搭在漏极 D 上，使用一只螺丝刀或手指接触场效应管的栅极引脚处。此时，万用表的指针会产生一个摆动（向左或向右均可），如图 7-22 所示。

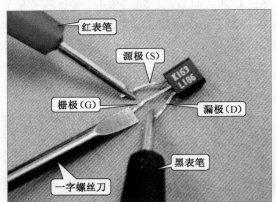

图 7-22　使用一只螺丝刀或手指接触场效应管的栅极引脚处

当螺丝刀搭在栅极处时，万用表指针摆动幅度越大，说明场效应管的放大能力越好。反之，则表明场效应管放大能力越差。若螺丝刀接触栅极时，万用表指针无摆动，则表明场效应晶体管已失去放大能力。

▶▶▶ **晶闸管的识别与检测训练**

任务模块 8.1 认识晶闸管

新知讲解 8.1.1 了解晶闸管的种类特点

1．单结晶体管

【图文讲解】

单结晶体管（UJT）也叫作双基极二极管。从结构功能上类似晶闸管，它是由一个 PN 结和两个内电阻构成的三端半导体器件，有一个 PN 结和两个基极。单结晶体管具有结构简单、热稳定性好等优点，广泛用于振荡、定时、双稳电路及晶闸管触发电路中。如图 8-1 所示为单结晶体管的实物外形。

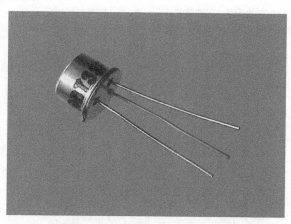

图 8-1　单结晶体管的实物外形

2．单向晶闸管

单向晶闸管（SCR）是一种可控整流器件，它内部是由 3 个 PN 结组成的 P-N-P-N 四层结构，其电路符号是"$\overset{A}{\underset{K}{G\ \overline{\underline{\vee}}}}$"（阴极受控）或"$\overset{A}{\underset{K}{G\ \underline{\overline{\vee}}}}$"（阳极受控），在电路中的名称标志通常为"VS"。

【图文讲解】

单向晶闸管广泛应用于可控整流、交流调压、逆变器和开关电源电路中。如图 8-2 所示为单向晶闸管的实物外形。

图 8-2　单向晶闸管的实物外形

单向晶闸管导通后内阻很小，管压降很低，此时外加电压几乎全部都加在外电路负载上，而且负载电流较大，其特性曲线与半导体二极管正向导通特性相似。

3．双向晶闸管

双向晶闸管又叫作双向可控硅，内部为 N-P-N-P-N 五层结构的半导体器件，有第一电极（T_1）、第二电极（T_2）、控制极（G）3 个电极，在结构上相当于两个单向晶闸管反极性并联。双何向晶闸管的电路符号是"　"，在电路中的名称标志通常为"VS"。

【图文讲解】

双向晶闸管在电路中一般用于调节电压、电流或用作交流无触点开关。如图 8-3 所示，为双向晶闸管的实物外形。

图 8-3　双向晶闸管的实物外形

4．可关断晶闸管

可关断晶闸管（GTO）也叫作门控晶闸管，其电路符号是"　"和"　"，在电路中的名称标志通常为"VS"。

【图文讲解】

可关断晶闸管的特点是当控制极加有负向触发信号时晶闸管能自行关断。如图 8-4 所示为可关断晶闸管的实物外形。

图 8-4 可关断晶闸管的实物外形

【资料链接】可关断晶闸管与普通晶闸管的区别在于：普通晶闸管触发导通后，撤掉触发信号亦能维持导通状态。欲使之关断，必须切断电源，使正向电流低于维持电流 I，或施以反向电压强行关断。这就需要增加换向电路，不仅使设备的体积重量增大，而且会降低效率，还会产生波形失真和噪声。

而可关断晶闸管克服了上述缺陷，它既保留了普通晶闸管耐压高、电流大等优点，还具有自行关断能力，使用方便。是理想的高压、大电流开关器件。大功率可关断晶闸管已广泛用于斩波调速、变频调速、逆变电源等领域，显示出强大的生命力。

5．快速晶闸管

快速晶闸管属于 P-N-P-N 四层三端器件，其符号与普通晶闸管一样，它不仅有良好的静态特性，尤其有良好的动态特性。

【图文讲解】

快速晶闸管可以在 400 Hz 以上频率的电路中工作，其开通时间为 4～8μs，关断时间为 10～60μs。主要应用于较高频率的整流、斩波、逆变和变频电路中。如图 8-5 所示为快速晶闸管的实物外形。

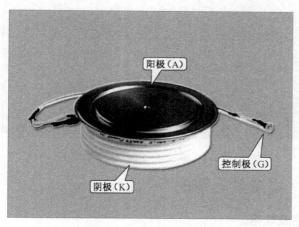

图 8-5 快速晶闸管的实物外形

6. 螺栓型晶闸管

【图文讲解】

螺栓型晶闸管的螺栓一端为阳极（A）（便于与散热片紧密连接），较细的引线端为控制极（G），较粗的引线端为阴极（K），它是一种大电流晶闸管，如图 8-6 所示。

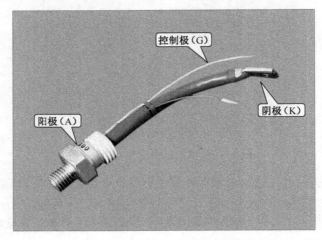

图 8-6　螺栓型晶闸管的实物外形

7. 逆导晶闸管

【图文讲解】

逆导晶闸管（RCT）也叫作反向导通晶闸管，它在阳极与阴极之间反向并联一只二极管，使阳极与阴极的发射结均呈短路状态。由于这种特殊电路结构，使之具有耐高压、耐高温、关断时间短、通态电压低等优良性能，如图 8-7 所示。

图 8-7　逆导晶闸管的实物外形

新知讲解 8.1.2　搞清晶闸管的参数标志

1. 晶闸管的命名及规格

通常，晶闸管的型号命名都采用直标法标注在晶闸管的外壳上。但具体命名方式应根据国家、地区及生产厂商的不同而有所不同。通过识读标称型号，可了解到晶体管的类型以及规格参数等信息。

【图文讲解】

晶闸管的型号命名是通过数字和字母的组合，将晶闸管的类型及主要参数等标注在外壳上。根据我国国家标准的规定，晶闸管的型号命名由 4 部分构成。如图 8-8 所示为国产晶闸管的命名规格。

图 8-8　国产晶闸管的命名规格

① 产品名称：用字母表示，晶闸管用 K 表示；
② 类型：用字母表示，表示晶闸管属于什么类型，具体参见表 8-1 所列；
③ 额定通态电流值：用数字表示，表示晶闸管的额定电流，具体参见表 8-2 所列；
④ 重复峰值电压级数：用数字表示，表示晶闸管的额定电压，具体参见表 8-3 所列。

类型部分中字母表示的含义如表 8-1 所示。

表 8-1　类型部分中字母表示含义

符号	意义	符号	意义
P	普通反向阻断型	S	双向型
K	快速反向阻断型		

额定通态电流值中数字表示的含义如表 8-2 所示。

表 8-2　额定通态电流的数字符号含义

符号	意义	符号	意义
1	1 A	50	50 A
2	2 A	100	100 A
5	5 A	200	200 A
10	10 A	300	300 A
20	20 A	400	400 A
30	30 A	500	500 A

重复峰值电压级数的数字符号含义如表 8-3 所示。

表 8-3　重复峰值电压级数的数字符号含义

符号	意义	符号	意义
1	100 V	7	700 V
2	200 V	8	800 V
3	300 V	9	900 V
4	400 V	10	1000 V
5	500 V	12	1200 V
6	600 V	14	1400 V

【资料链接】

除了我国制定的晶闸管的命名规格外，其他国家也有不同的命名方式，例如日本企业生产的晶闸管，采用的命名规格分为 3 部分，包括额定通态电流值、类型和重复峰值电压，如图 8-9 所示为日本晶闸管的命名及规格标志，该晶体管型号为"2P4Mh"，其中："2"表示额定通态电流（正向导通电流）；"P"表示普通反向阻断型，"4"表示重复峰值电压级数。因此该晶闸管标志为：额定通态电流 2 A，重复峰值电压 400 V，普通反向阻断型晶闸管。通常晶闸管的命名标志都采用简略方式，也就是说，只标注出重要的信息，而不是所有的信息都被标注出来。

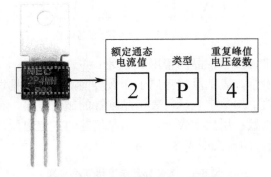

图 8-9　日本晶闸管的命名及规格标志

2．晶闸管的主要参数

（1）额定正向平均电流（I_F）

它是指在规定的环境温度、标准散热环境和全导通的条件下，阴极和阳极间通过的工频（50 Hz）正弦电流的平均值。$I_F =0.637I$，式中 I 是该正弦电流的有效值。

（2）正向阻断峰值电压（U_{DRM}）

它是指在控制极开路、正向阻断条件下，可以重复加在晶闸管上的正向电压峰值。该电压为正向转折电压的 80%。

（3）反向阻断峰值电压（U_{RRM}）

它是指当控制极开路，结温为额定值时允许重复加在晶闸管上的反向峰值电压，按规定为最高反向测试电压的 80%。

（4）通态电压（U_{TM}）

晶闸管通以某一规定倍数的额定通态平均电流时的瞬态峰值电压（一般为 2 V）。通常取晶闸管的 U_{DRM} 和 U_{RRM} 中较小的标称值作为该器件的通态电压，一般为正常工作时晶闸管所承受峰值电压的 2~3 倍。

（5）正向平均压降（U_F）

它是指在规定条件下，晶闸管通过额定正向平均电流时，在阳极与阴极之间电压降的平均值。

（6）正向转折电压（U_{BO}）

在额定温度和控制极断开条件下，阳极与阴极加半波正弦电压，当晶闸管由断开转为导通时所对应的电压峰值称为正向转折电压。

（7）维持电流（U_H）

维持电流是保持晶闸管处于导通状态时所需要的最小正向电流。控制极和阴极电阻越小，维持电流越大。

（8）控制极触发电压（U_G）

它是指在规定的环境温度和阳极、阴极间为一定的正向电压条件下，使晶闸管从阻断转变为导通状态时，控制极上所加的最小直流电压。

（9）控制极触发电流（I_G）

当阳极与阴极之间加一定的直流电压时，使晶闸管完全导通所需要的最小控制极直流电流。

新知讲解 8.1.3 知晓晶闸管的特性及功能特点

晶闸管是晶体闸流管的简称，又可称为可控硅，它是一种半导体器件，有单向和双向两种结构。广泛应用于可控整流、交流调压、无触点电子开关、逆变及变频等电子电路中。

1. 晶闸管的基本特性

晶闸管最重要的特点就是在一定的电压条件下，只要控制极有触发脉冲信号输入便可导通，即使触发脉冲消失，晶闸管仍然能维持导通状态。下面将分别对单向晶闸管和双向晶闸管的基本特性进行讲解。

（1）单向晶闸管的基本特性

【图文讲解】

如图 8-10 所示为单向晶闸管的基本特性。单向晶闸管导通后只允许一个方向的电流流过，它相当于一个可控的整流二极管，当同时满足阳极（A）与阴极（K）之间加有正向电压，控制极（G）收到正向触发信号（高电平）才可导通。单向晶闸管导通后，即使触发信号消失，仍可维持导通状态。只有当触发信号消失，并且阳极与阴极之间的正向电压也消失或反向时，晶闸管才可截止。

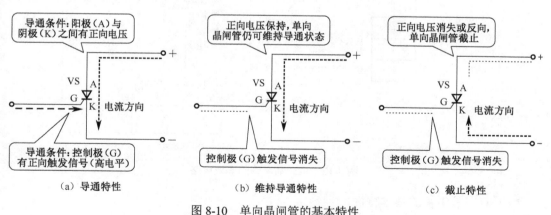

（a）导通特性　　　　（b）维持导通特性　　　　（c）截止特性

图 8-10 单向晶闸管的基本特性

【提示】

需要注意的是，在交流电路中 220 V 电压经桥式整流电路整流后加到晶闸管的阳极（A）上，单向晶闸管工作在脉动直流电压的状态下，当电压为零时晶闸管便不能维持导通状态，必须有持续地触发信号才能维持其导通状态，如图 8-11 所示。

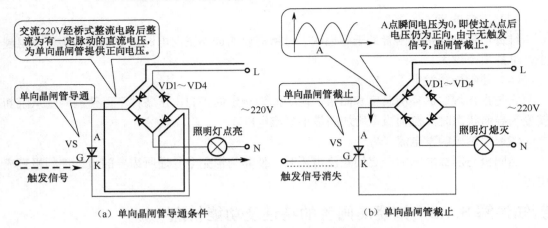

（a）单向晶闸管导通条件　　　　　　　　（b）单向晶闸管截止

图 8-11　工作在脉动直流电压下的单向晶闸管

【资料链接】

　　单向晶闸管可以等效地看成一个 PNP 型三极管和一个 NPN 型三极管的交错结构。如图 8-12 所示为单向晶闸管的等效电路。当给单向晶闸管阳极（A）加正向电压时，三极管 VT1 和 VT2 都承受正向电压，VT2 发射集正偏，VT1 集电集反偏。如果这时在控制极（G）加上较小的正向控制电压 U_g（触发信号），则有控制电流 I_g 送入 VT1 的基极。经过放大，VT1 的集电极便有 $I_{C1}=\beta_1 I_g$ 的电流流进。此电流送入 VT2 基极，经 VT2 放大，VT2 的集电极便有 $I_{C2}=\beta_1\beta_2 I_g$ 的电流流过。而该电流又送入 VT1 的基极，如此反复，两个三极管很快便导通。晶闸管导通后，VT1 的基极始终有比 I_g 大得多的电流流过，因而即使触发信号消失，单向晶闸管仍能保持导通状态。

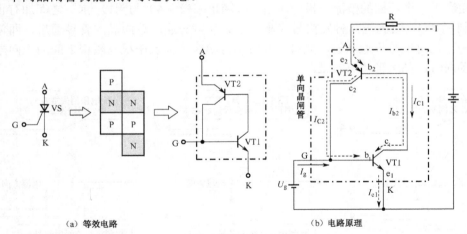

（a）等效电路　　　　　　　　　　　　　（b）电路原理

图 8-12　单向晶闸管的等效电路

（2）双向晶闸管的基本特性

【图文讲解】

　　双向晶闸管可以等效为 2 个单向晶闸管反向并联，使其具有双向导通的特性，允许 2 个方向有电流流过，如图 8-13 所示。双向晶闸管第一电极 T1 与第二电极 T2 间，无论所加电压极性是正向还是反向，只要控制极 G 和第一电极 T1 间加有正、负极性不同的触发电压，就可触发晶闸管导通，并且失去触发电压，也能继续保持导通状态。当第一电极 T1、第二电极 T2 电流减小至小于维持电流或 T1、T2 间的电压极性改变且没有触发电压时，双向晶闸管才会截止，此时只有重新送入触发电压方可导通。

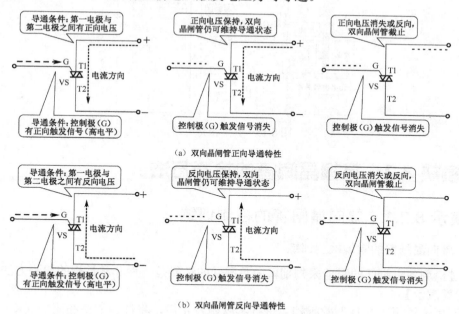

（a）双向晶闸管正向导通特性

（b）双向晶闸管反向导通特性

图 8-13　双向晶闸管的基本特性

【资料链接】

双向晶闸管在结构上相当于两个单向晶闸管反极性并联，因此它具有两个方向都导通、关断的特性，也就是具有两个方向对称的伏安特性，其特性曲线如图 8-14 所示。

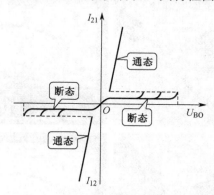

图 8-14　双向晶闸管特性曲线

2. 晶闸管的功能特点

由于晶闸管输入较小的功率或电流便可对较大的功率或电流进行控制，因此在电子电路中晶闸管常作为可控整流和可控开关器件使用。

【图文讲解】

如图 8-15 所示为典型报警电路。晶闸管在该电路中作为可控开关使用，当有物体被移动到光电检测器中时，发光二极管的光被物体遮挡，光敏晶体管无光照射则截止。VD1 的正端电压上升，呈正向导通，晶体三极管 VT1 基极得电导通。VT1 导通的瞬间为晶闸管的触发端（G）提供触发电压，于是晶闸管导通，报警灯得电而发光。

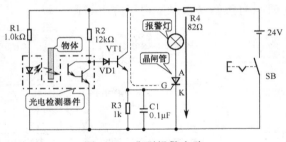

图 8-15　典型报警电路

任务模块 8.2　掌握晶闸管的检测方法

技能演示 8.2.1　单向晶闸管的检测训练

1．单向晶闸管的常规检测训练

通过检测各引脚间的阻值来判别单向晶闸管的性能是一种非常常规的检测方法。

【图解演示】

将万用表调至"×1k"欧姆挡，进行零欧姆校正后，将红表笔搭在阴极（K）上，黑表笔搭在控制极（G）上，如图 8-16 所示，控制极（G）与阴极（K）之间的正向阻抗有一定的数值，反向阻抗则为无穷大。若正、反向阻抗数值相等或接近，说明控制极（G）与阴极（K）之间的 PN 结已失去控制能力。

图 8-16　检测控制极（G）与阴极（K）之间的阻值

将红表笔搭在阳极（A）上，黑表笔搭在控制极（G）上，如图 8-17 所示，正常情况下，控制极（G）与阳极（A）之间的正、反向阻抗都为无穷大。若正、反向阻抗数值较小，说明控制极（G）与阳极（A）之间的 PN 结性能不良。

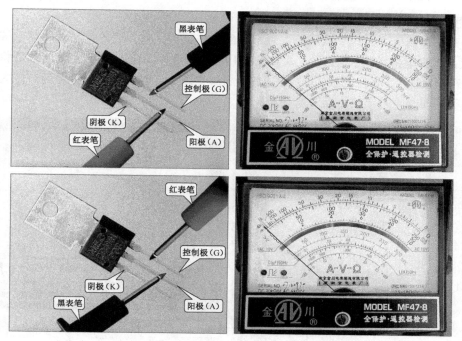

图 8-17　检测控制极（G）与阳极（A）之间的阻值

将红表笔搭在阳极（A）上，黑表笔搭在阴极（K）上，如图 8-18 所示，正常情况下，阴极（K）与阳极（A）之间的正、反向阻抗都为无穷大。否则，说明晶闸管已损坏。

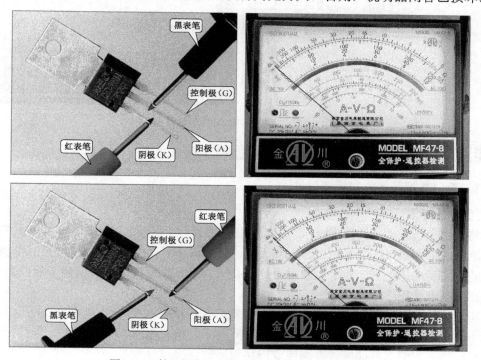

图 8-18　检测阴极（K）与阳极（A）之间的阻值

2. 单向晶闸管触发能力的检测训练

【图解演示】

将万用表调至"×1k"欧姆挡，进行零欧姆校正后，将红表笔搭在单向晶闸管的阴极（K）上，黑表笔搭在阳极（A）上，如图 8-19 所示，测得阻值应为无穷大。然后将黑表笔同时搭在阳极（A）和控制极（G）上，使两引脚短路。这时万用表指针会向右侧大范围摆动，说明单向晶闸管已被正向触发导通。

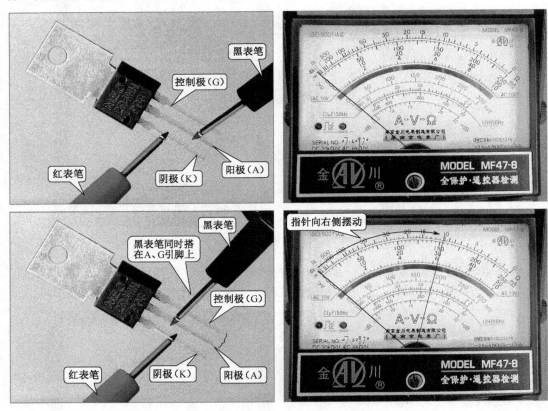

图 8-19　检测单向晶闸管的触发能力

技能演示 8.2.2　双向晶闸管的检测训练

1. 双向晶闸管的常规检测训练

【图解演示】

将万用表调至"×1k"欧姆挡，进行零欧姆校正后，将红表笔搭在第一电极（T1）上，黑表笔搭在控制极（G）上，如图 8-20 所示，正常情况下，控制极（G）与第一电极（T1）之间的正、反向阻抗有一定的数值并且比较接近。若正、反向阻抗数值趋于零或无穷大，说明该晶闸管已损坏。

将红表笔搭在第二电极（T2）上，黑表笔搭在控制极（G）上，如图 8-21 所示，正常情况下，控制极（G）与第二电极（T2）之间的正、反向阻抗都为无穷大。若正、反向阻抗数值较小，说明双向晶闸管有漏电或击穿短路的情况。

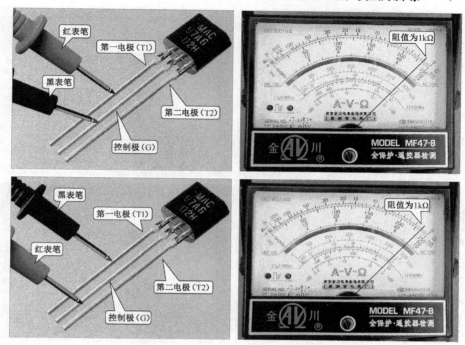

图 8-20　检测控制极（G）与第一电极（T1）之间的阻值

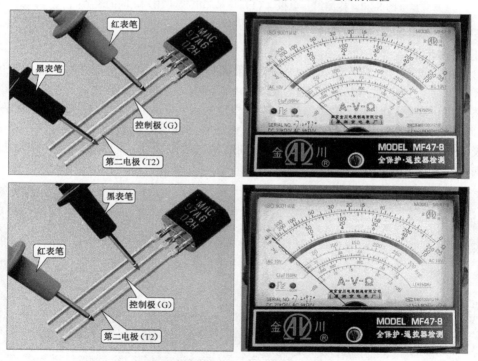

图 8-21　检测控制极（G）与第二电极（T2）之间的阻值

　　将红表笔搭在第一电极（T1）上，黑表笔搭在第二电极（T2）上，如图 8-22 所示，正常情况下，第一电极（T1）与第二电极（T2）之间的阻值都为无穷大。否则，说明双向晶闸管已损坏。

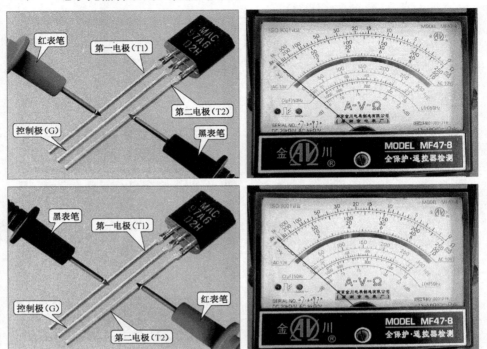

图 8-22　检测第一电极（T1）与第二电极（T2）之间的阻值

2．双向晶闸管触发能力的检测训练

【图解演示】

将万用表调至"×1k"欧姆挡，进行零欧姆校正后，将红表笔搭在双向晶闸管的第一电极（T1）上，黑表笔搭在第二电极（T2）上，测得阻值应为无穷大。

然后将黑表笔同时搭在第二电极（T2）和控制极（G）上，使两引脚短路，如图 8-23 所示。这时万用表指针会向右侧大范围摆动，说明双向晶闸管已导通（导通方向：T2→T1）。若将表笔对换后进行检测，发现万用表指针向右侧大范围摆动，说明双向晶闸管被导通（导通方向：T1→T2）。

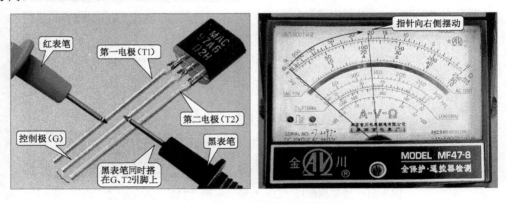

图 8-23　检测双向晶闸管触发能力

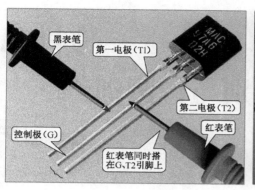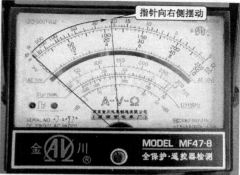

图 8-23 检测双向晶闸管触发能力（续）

项目九

▶▶▶ **集成电路的识别与检测训练**

任务模块 9.1　认识集成电路

新知讲解 9.1.1　了解集成电路的种类特点

集成电路的功能多样，种类繁多，根据外形和封装形式的不同，主要可分为单列直插型集成电路（SIP）、双列直插型集成电路（DIP）、针脚插入型集成电路（PGA）、双列表面安装式集成电路（SOP）、扁平贴装式集成电路等。

1．单列直插型集成电路

【图文讲解】

单列直插型集成块内部电路相对比较简单。如图 9-1 所示，它的引脚数较少（3～16只），只有一排引脚。这种集成电路造价较低，安装方便。小型的集成电路多采用这种封装形式。

图 9-1　单列直插型集成电路

2．双列直插型集成电路

【图文讲解】

双列直插型集成电路多为长方形结构，两排引脚分别由两侧引出，如图 9-2 所示为双列直插型集成电路的实物外形。这种集成电路在家用电子产品中十分常见。

图 9-2　双列直插型集成电路

3．针脚插入型集成电路

【图文讲解】

如图 9-3 所示为针脚插入型集成电路，该集成电路的引脚很多，内部结构十分复杂，功能强大，多应用于高智能化的数字产品中。如计算机中的中央处理器多采用针脚插入型封装形式。

图 9-3　针脚插入型集成电路

4．双列表面安装式集成电路

【图文讲解】

双列表面安装式集成电路体积较小，多为长方形结构，两排引脚（8～32 只）分别由两侧引出，引脚向芯片内侧弯折或向芯片外侧弯折，以方便表面贴片封装，如图 9-4 所示。

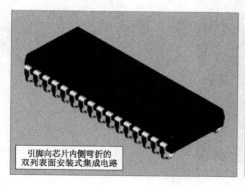

图 9-4　双列表面安装式集成电路

5．扁平贴装式集成电路

扁平贴装式集成电路是一种体积小、集成度高的大规模集成电路，常见的有塑料方形扁平式封装集成电路（PQFP）和球栅阵列型集成电路（BGA）。

（1）塑料方形扁平式封装集成电路

【图文讲解】

塑料方形扁平式封装集成电路体积较小，多为正方形或长方形结构，四排引脚分别由四侧引出。引脚很细，通常在 100 只以上，如图 9-5 所示。常用于数码产品中。

图 9-5　塑料方形扁平式封装集成电路

（2）球栅阵列型集成电路

【图文讲解】

如图 9-6 所示为球栅阵列型集成电路的外形。这种集成电路体积小、引脚在集成电路的下方（因此在集成电路四周看不见引脚），其底面按阵列方式制作出球形凸点用以代替引脚，采用表面贴片焊装技术，广泛地应用于小型数码产品之中，如新型手机的信号处理集成电路。

图 9-6　球栅阵列型集成电路

新知讲解9.1.2　了解集成电路的引脚分布特征

集成电路封装在外壳中，通常无法从集成电路的外形上判断集成电路的功能，可通过集成电路表面的文字标注对照集成电路手册解读该集成电路的相关信息，弄清集成电路的引脚分布规律对于解读、检测、更换集成电路也十分重要。

根据外形的不同，集成电路的引脚通常有单列直插型、双列直插型、扁平封装型等多种。

1. 单列直插型集成电路的引脚分布规律

【图文讲解】

如图9-7所示，通常情况下，单列直插型集成电路的左侧有特殊的标志来明确引脚①的位置，标志有可能是一个小圆凹坑、一个小缺角、一个小色点、一个小圆孔、一个小半圆缺等。引脚①往往是起始引脚，可以顺着引脚排列的位置，依次对应引脚②，③，④，⑤……

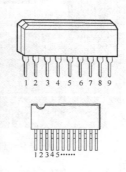

图9-7　单列直插型集成电路的引脚分布规律

2. 双列直插型集成电路的引脚分布规律

【图文讲解】

通常情况下，双列直插型集成电路的左侧有特殊的标志来明确引脚①的位置。一般来讲，标记下方的引脚就是引脚①，标记的上方往往是最后一个引脚。标记有可能是一个小圆凹坑、一个小色点、条状标记、一个小半圆缺等。引脚①往往是起始引脚，可以顺着引脚排列的位置，按逆时针顺序依次对应引脚②，③，④，⑤……具体如图9-8所示。

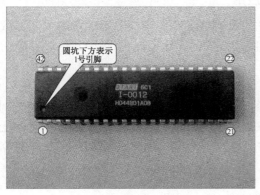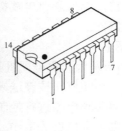

图9-8　双列直插型集成电路的引脚分布规律

3．扁平封装型集成电路的引脚分布规律

【图文讲解】

通常情况下，四列集成电路的左侧一角有特殊的标志来明确引脚①的位置。一般来讲，标记下方的引脚就是引脚①。标记有可能是一个小圆凹坑、一个小色点等。引脚①往往是起始引脚，可以顺着引脚排列的位置，按逆时针顺序依次对应引脚②，③，④，⑤……，具体如图 9-9 所示。

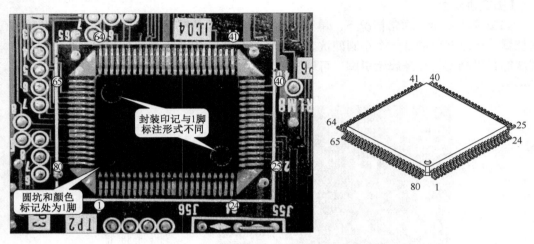

图 9-9　扁平封装型集成电路的引脚分布规律

新知讲解 9.1.3　知晓集成电路的功能特点

集成电路是利用半导体工艺将电阻器、电容器、电感器、晶体管以及连线制作在很小的半导体材料或绝缘基板上，形成一个完整的电路，并封装在特制的外壳之中。它具有体积小、重量轻、电路稳定、集成度高等特点。

由于集成电路是由多种元器件组合而成的，不仅大大提高了集成度，降低了成本，而且更进一步扩展了功能，使整个电子产品的电路得到了大大的简化。在电路中，集成电路在控制系统、驱动放大系统、信号处理系统、开关电源中的应用非常广泛。

1．集成电路在控制系统中的应用

集成电路的功能比较强大，它可以制成各种专用或通用的电路单元，微处理器芯片是常用的集成电路，例如彩色电视机、影碟机、空调器、电磁炉、计算机等，都使用微处理器来作为控制器件。

【图文讲解】

如图 9-10 所示为彩色电视机的系统控制电路，该电路中微处理器为控制核心，它可以接收由遥控接收头和操作按键送来的人工指令，并将其转换为控制信号，通过 I^2C 总线或其他控制引脚对各种电路进行控制，例如调谐器、音频、视频、开关电源等是它控制的对象，用来控制彩色电视机的工作。

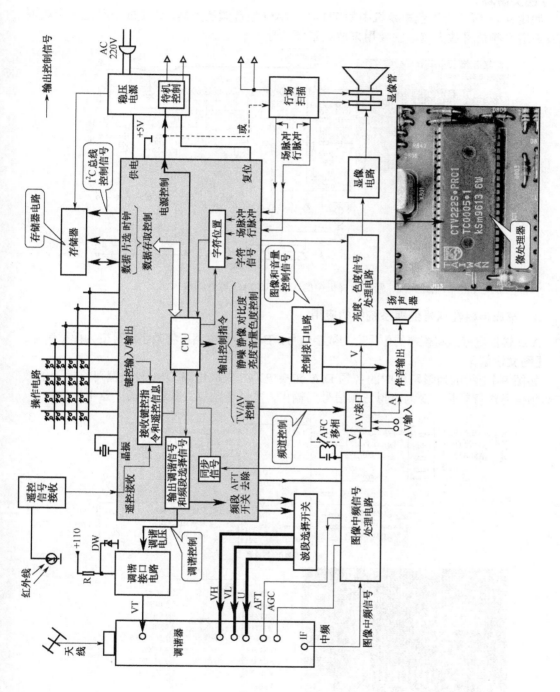

图 9-10 彩色电视机的系统控制电路

2．集成电路在音频处理系统中的应用

音频功率放大器也是一种比较常见的集成电路，一般用于音频信号处理电路中。

【图文讲解】

如图 9-11 所示为彩色电视机中的 TDA7057AQ 型音频放大器，该集成电路是一个典型的双声道音频信号放大器，主要用来放大音频信号。

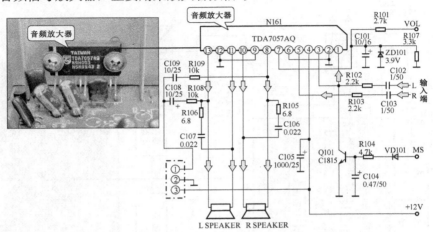

图 9-11　彩色电视机中的 TDA7057AQ 型音频放大器

3．集成电路在信号变换系统中的应用

A/D 转换电路是将模拟的信号变为数字信号，D/A 转换电路可将数字信号变为模拟信号。

【图文讲解】

如图 9-12 所示为影碟机中的音频 D/A 转换电路，集成电路 D/A 转换器可将输入的数字音频信号进行转换，变为模拟音频信号后输出，再经音频放大器送往扬声器中发出声音。

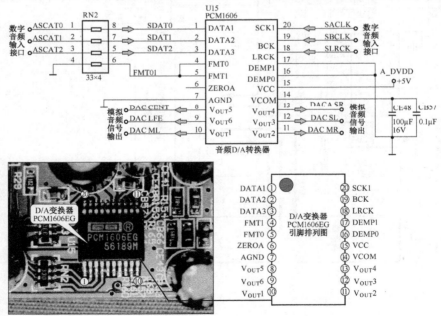

图 9-12　影碟机中的音频 D/A 转换电路

4．集成电路在开关电源中的应用

有些集成电路可以产生振荡脉冲信号，例如开关电源电路中的开关振荡集成电路，该电路是开关电源电路中的核心器件。

【图文讲解】

如图 9-13 所示为典型影碟机中的开关电源电路，其中开关振荡电路中的核心器件就是开关振荡集成电路，该电路可以产生开关振荡信号，送往开关变压器中。

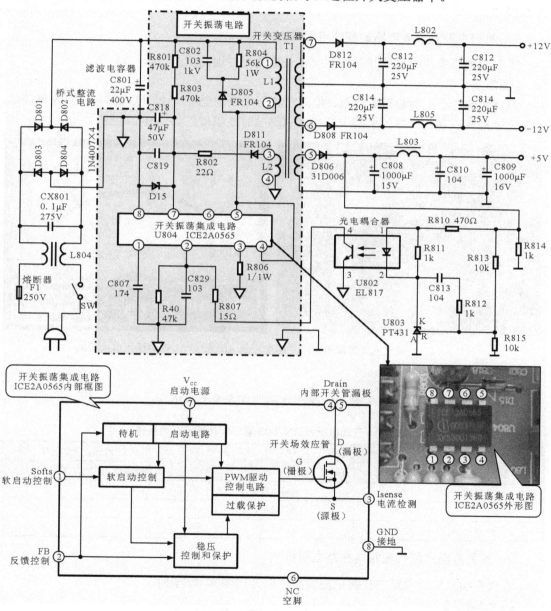

图 9-13　典型影碟机中的开关电源电路

任务模块 9.2　集成电路的检测训练

技能演示 9.2.1　集成电路的在路电阻检测训练

集成电路的在路电阻检测是在断电状态下，检测其各引脚的正反向阻值，并与标准数值进行对照判断。一般情况下，若出现多组引脚正反向阻值为零或无穷大时，表明其内部损坏。

1. 单列直插式集成电路的在路电阻检测

单列直插式集成电路的开路检测主要是检测其对地阻值。

【图解演示】

以 AN7805 型三端稳压器为例，检测时将万用表调至"×1k"欧姆挡，一支表笔接地，一支表笔搭在三端稳压器的引脚上，检测引脚的对地阻值，如图 9-14 所示。

图 9-14　单列直插式集成电路（三端稳压器 AN7805）引脚对地阻值的检测

【资料链接】

三端稳压器 AN7805 各引脚功能及对地阻值如表 9-1 所示。

表 9-1　三端稳压器 AN7805 各引脚功能及对地阻值

引脚序号	英文缩写	集成电路引脚功能	对地阻值（kΩ）	
			红表笔接地	黑表笔接地
①	IN	直流电压输入	8.2	3.5
②	OUT	稳压输出+5 V	1.5	1.5
③	GND	接地	0	0

2. 双列直插式集成电路的在路电阻检测

双列直插式集成电路的在路电阻检测主要是检测其对地阻值。

【图解演示】

以电磁炉中的 LM324 型运算放大器为例，检测时先将万用表调至"×1k"欧姆挡，一支表笔接地，一支表笔搭在运算放大器的引脚上，如图 9-15 所示。

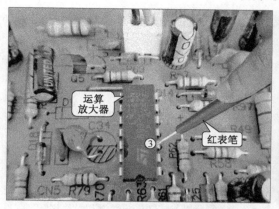

图 9-15　双列直插式集成电路（运算放大器 LM324）对地阻值的检测

【资料链接】

运算放大器 LM324 各引脚功能及对地阻值如表 9-2 所示。

表 9-2　LM324 型运算放大器的引脚功能和参数

引脚序号	英文缩写	集成电路引脚功能	电阻参数（kΩ）	
			红表笔接地	黑表笔接地
①	AMP OUT1	放大信号（1）输出	0.38	0.38
②	IN1-	反相信号（1）输入	6.3	7.6
③	IN1+	同相信号（1）输入	4.4	4.5
④	V$_{CC}$	电源+5 V	0.31	0.22
⑤	IN2+	同相信号（2）输入	4.7	4.7
⑥	IN2-	反相信号（2）输入	6.3	7.6
⑦	AMP OUT2	放大信号（2）输出	0.38	0.38
⑧	AMP OUT3	放大信号（3）输出	6.7	23
⑨	IN3-	反相信号（3）输入	7.6	∞
⑩	IN3+	同相信号（3）输入	7.6	∞
⑪	GND	接地	0	0
⑫	IN4+	同相信号（4）输入	7.2	17.4
⑬	IN4-	反相信号（4）输入	4.4	4.6
⑭	AMP OUT4	放大信号（4）输出	6.3	6.8

技能演示 9.2.2　集成电路工作状态的检测训练

集成电路工作状态的检测是在通电状态下，检测引脚的电压或信号波形，通过与集成电路手册中标准数值、波形进行对比，判断集成电路的好坏。

1. 单列直插式集成电路工作状态的检测

单列直插式集成电路工作状态的检测主要是检测其供电电压。

【图解演示】

以音频放大器 TDA7057AQ 为例，⑥脚为接地端，④脚为＋12 V 供电端，检测时将万用表调至"直流 50 V"电压挡,黑表笔搭在接地端,红表笔搭在＋12 V供电端,如图9-16所示。

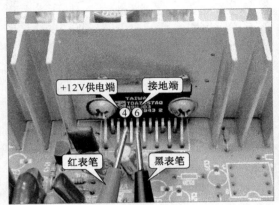

图9-16　单列直插式集成电路(音频放大器 TDA7057AQ)供电电压的检测

若供电电压正常,可通过开路检测集成电路的对地阻值判断其好坏。若无供电电压,应对电源供电电路进行排查。

【资料链接】

音频放大器 TDA7057AQ 引脚电压参数如表9-3所示。

表9-3　音频放大器 TDA7057AQ 引脚电压参数

脚序号	英文缩写	集成电路引脚功能	直流电压参数（V）
①	L VOL CON	左声道音量控制信号	0.5
②	NC	空脚	0
③	LIN	左声道音频信号输入	2.4
④	V_{cc}	电源+12 V	12
⑤	RIN	右声道音频信号输入	2.5
⑥	GND	接地	0
⑦	R VOL CON	右声道音量控制信号	0.5
⑧	RIN	右声道音频信号输入	5.6
⑨	GND	接地（功放电路）	0
⑩	R OUT	右声道音频信号输出	5.6
⑪	L OUT	左声道音频信号输出	5.7
⑫	GND	接地	0
⑬	LIN	左声道音频信号输入	5.7

2. 扁平贴装式集成电路工作状态的检测

扁平贴装式集成电路工作状态的检测主要是检测其供电电压和信号波形。以液晶电视机的数字图像信号处理芯片 MST5151A 为例,检测时首先使用万用表检测其供电电压,然后使用示波器检测其信号。

（1）供电电压的检测

【图解演示】

数字图像信号处理芯片 MST5151A 有三组供电电压，分别为＋3.3V、＋2.5V 和＋1.8V。检测时将万用表调至"直流 10 V"电压挡，黑表笔搭在接地端㊿脚，红表笔分别搭在 3.3V 电源供电端、2.5V 电源供电端和 1.8V 电源供电端，如图 9-17 所示。

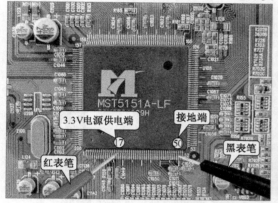

（a）数字图像信息处理芯片的+3.3V电压检测

（b）数字图像信息处理芯片的+2.5V电压检测

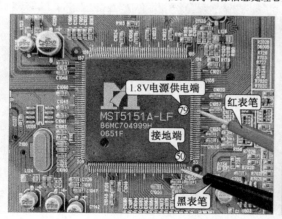

（c）数字图像信息处理芯片的+1.8V电压检测

图 9-17　数字图像信号处理芯片 MST5151A 供电电压的检测

（2）集成电路信号波形的检测

【图解演示】

数字图像信号处理芯片 MST5151A 的信号主要包括晶振信号、输入的数字视频信号、地址总线信号、数据总线信号、输出的低压差分信号等。检测时将示波器的接地夹接地、探头搭在引脚上，如图 9-18 所示。

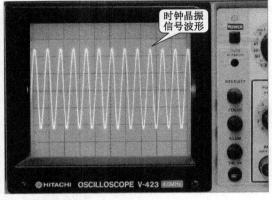

（a）数字图像信息处理芯片晶振信号检测

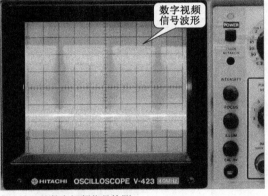

（b）数字图像信息处理芯片输入的数字视频信号检测

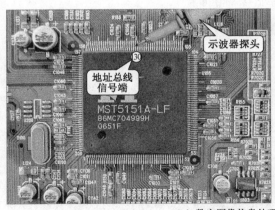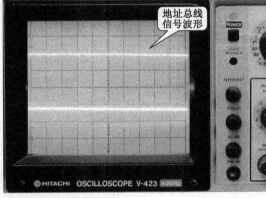

（c）数字图像信息处理芯片的地址总线信号检测

图 9-18　数字图像信号处理芯片 MST5151A 信号的检测

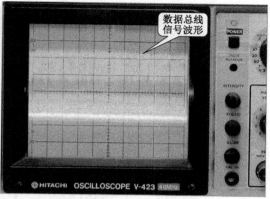

（d）数字图像信息处理芯片的数据总线信号检测

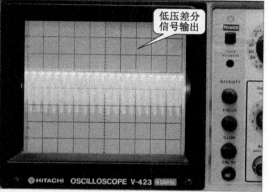

（e）数字图像信息处理芯片输出的低压差分信号检测

图 9-18　数字图像信号处理芯片 MST5151A 信号的检测（续）

【资料链接】

数字图像信号处理芯片 MST5151A 引脚功能如表 9-4 所示。

表 9-4　数字图像信号处理芯片 MST5151A 各引脚功能

引脚号	名称	引脚功能	引脚号	名称	引脚功能
模拟信号输入端口			时钟合成和电源		
⑳ ㉑	BIN1M BIN1P	Pb 模拟信号输入 (YPbPr)	㉒ ㉓	XIN,XOUT	晶振接口
㉒	SOGIN1	Y 同步信号(YPbPr)	④⑩	AVDD-DVI	DVI 3.3 V 电源
㉓ ㉔	GIN1M GIN1P	Y 模拟信号输入 (YPbPr)	⑫	AVDD-PLL	PLL 的 3.3 V 电源
㉕ ㉖	RIN1M RIN1P	Pr 模拟信号输入 (YPbPr)	⑰ ㉞	AVDD-ADC	ADC 3.3 V 电源
㉗ ㉘	BIN0M BIN0P	Pb 模拟信号输入 (YPbPr)	㊾	AVDD-APLL	音频 PLL 的 1.8V 电源
㉙ ㉚	GIN0M GIN0P	Y 模拟信号输入(VGA)	⑩⑨	AVDD-PLL2	PLL2 的 3.3 V 电源
㉛	SOG INO	Y 同步信号(VGA)	㉔	AVDD-MPLL	PLL 3.3 V 电源

引脚号	名称	引脚功能	引脚号	名称	引脚功能
模拟信号输入端口			时钟合成和电源		
㉜ ㉝	RINOM RINOP	Pr 模拟信号输入 (VGA)	⑧⑥ ⑩② ⑪③ ⑫⑤ ⑬⑨ ⑮④	VDDM	存储器 2.5V 电源
㊲	AVSYNC	ADC 场同步信号输入	⑥⑥ ⑯② ⑱②	VDDP	数字输出 3.3V 电源
㊱	AHSYNC	ADC 行同步信号输入	⑥③ ⑦⑨ ⑬① ⑮⑥ ⑰③ ⑱⑤ ⑲⑤	VDDC	数字核心 1.8V 电源
DVI 输入端口			① ⑦ ⑬ ⑯	GROUND	接地端
② ③ ⑤ ⑥ ⑳⑦ ⑳⑧	DA0+,DA0- DA1+,DA1- DA2+,DA2-	DVI 输入口	㉟ ㊿ ⑥④ ⑥⑤ ⑧⓪ ⑧⑦ ⑩③ ⑩⑧ ⑪④ ⑫⑥ ⑬② ⑭⓪	GROUND	接地端
⑧ ⑨	CLK+,CLK-	DVI 时钟输入信号	⑮⑤ ⑮⑦ ⑮⑨ ⑯③ ⑰② ⑱③ ⑱④ ⑲④ ⑳⑤ ⑳⑥	GROUND	接地端
⑪	REXT	外部中断电阻	MCU		
⑭	DVI-SDA	DDC 接口 串行数据信号	⑥⑦	HWRESET	硬件重启 恒为高电平输入
⑮	DVI-SCL	DDC 接口 串行时钟信号	⑦② ～ ⑦⑤	DBUS	与 MCU 的数据通信输入/输出
LVDS 端口			⑥⑧	INT	MCU 中断输出
⑯④ ⑯⑤	LVACKM LVACKP	低压差分时钟输入	帧缓存器接口		
⑯⓪ ⑯① ⑯⑥ ⑯⑧ ⑯⑦ ⑯⑨ ⑰⓪ ⑰①	LVA3PLVA3M LVA2PLVA2M LVA1PLVA1M LVA0PLVA0M	低压差分数据输出	⑯⑨ ～ ⑯⑨ ⑯⑨ ～ ⑯⑨	MADR[11：0]	地址输出
视频信号输入			⑩① ⑬③	DQM[1：0]	数据输出标志
⑥⑥	VI-CK	视频信号时钟输入	⑧① ⑩⓪ ⑬④ ⑮③	DQS[3：0]	数据写入使能端
㊶ ₋ ㊽ ㊾ ₋ ㊱	VI-DATA	视频信号(Y、U、V)数据输入	⑩④	MVREF	参考电压输入
数字音频输出			⑩⑤	MCLKE	时钟输入使能端
⑱⑧	AUMCK	音频控制时钟信号输出	⑩⑥	MCLKZ	时钟补充信号
			⑩⑦	MCLK	时钟信号输入
⑱⑨	AUSD	音频数据信号输出	⑪②	RASZ	行址开关(恒为低)
			⑪⑤	CASZ	场址开关(恒为低)
⑲⓪	AUSCK	音频时钟信号输出	⑧② ～ ⑧⑤ ⑧⑧ ～ ⑨⑨ ⑬⑤ ～ ⑬⑧ ⑭① ～ ⑮②	MDATA[31：0]	数据输入输出端
⑲①	AUWS	选择输出端	⑪⓪ ⑪①	BADR[1：0]	层选地址

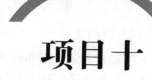

电子产品主要功能部件的识别
与检测技能训练

任务模块 10.1 开关部件的识别与检测训练

新知讲解 10.1.1 认识开关部件

开关部件是指用于接通和断开电路的电器部件，它一般用来控制仪器、仪表的工作状态或对多个电路进行切换的部件，该部件可以在接通和断开两种状态下相互转换，也可将多组多位开关制成一体，从而实现同步切换。开关部件在几乎所有的电子产品中都有应用，是电子产品实现控制的基础部件。

【图文讲解】

开关部件的主要特性就是具有接通和断开电路的功能，利用这种功能可实现对各种电子产品及电气设备的控制。如图 10-1 所示为开关部件控制报警电路的通断过程。

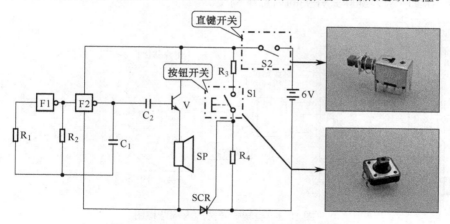

图 10-1 开关部件控制报警电路的通断过程

按下直键开关 S2，则可接通电路的供电电源，此时只要轻触一下开关 S1，则可触发晶闸管 SCR，使电路接通，音频振荡信号经晶体管 V 放大后去驱动扬声器，则会持续发出报警声，直到将电源关断一次，重新处于等待状态。

开关部件的种类多种多样，按照其结构的不同，通常可分为按动式开关、旋转式开关、滑动式开关、翘板式开关、薄膜式开关、钮子式开关等。

1. 按动式开关

按动式开关是指通过按动按钮或按键来控制开关内部触点的接通与断开的部件，从而实现对电路接通与断开的控制。

【图文讲解】

按动式开关根据内部结构的不同，还可细分为常开按动式开关、常闭按动式开关和复合按动式开关三种，如图 10-2 所示为按动式开关内部结构图。

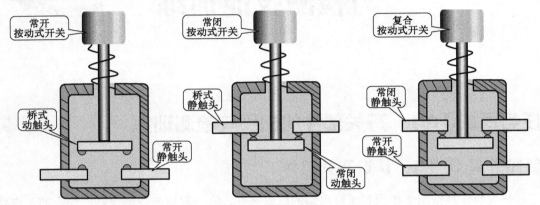

图 10-2　按动式开关内部结构图

2. 旋转式开关

旋转式开关是指通过旋转式开关手柄来控制内部触点的接通与断开，从而控制电路的接通与断开。

【图文讲解】

如图 10-3 所示为旋转式开关的内部结构图。

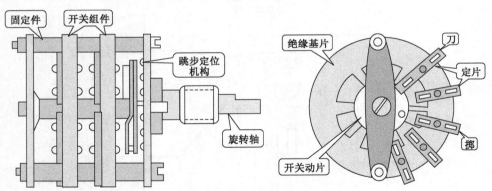

图 10-3　旋转式开关的内部结构图

3. 滑动式开关

滑动式开关是通过拨动滑动手柄来带动开关内部的滑块或滑片滑动，从而控制开关触点的接通与断开。

【图文讲解】

如图 10-4 所示为滑动式开关的内部结构图。

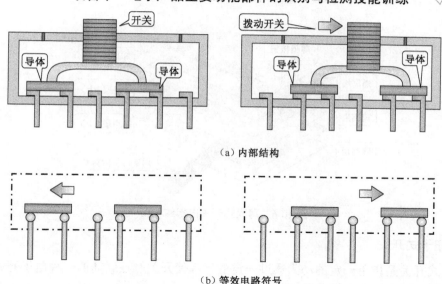

（a）内部结构

（b）等效电路符号

图 10-4　滑动式开关的内部结构图

4．翘板式开关

翘板式开关是指通过按动开关翘板来接通与断开开关内部的触点，进而实现对电路的接通与断开的控制，该类开关常用于电子产品或电气设备的电源开关。

【图文讲解】

如图 10-5 所示为翘板式开关的内部结构图。

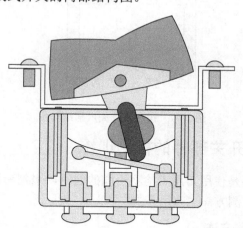

图 10-5　翘板式开关的内部结构图

5．薄膜式开关

薄膜式开关是采用软性薄膜材料，运用丝网印刷技术制作而成的导电膜开关，其开关的连接及开关电路的引出线等许多要素都是由特殊的丝网印刷方式一次性印刷而成的，具有小巧轻便、美观、使用寿命长、密封性及导电性能优良等特点。

【图文讲解】

如图 10-6 所示为薄膜式开关内部结构图。

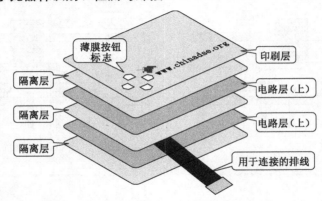

图 10-6　薄膜式开关内部结构图

6. 钮子式开关

钮子式开关是指用一定的动力通过一定的行程使开关触点联动的一种电子开关，广泛应用于各种电子产品和电气设备电路的控制。

【图文讲解】

如图 10-7 所示为钮子式开关内部结构图。

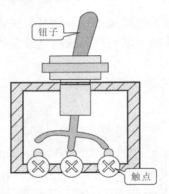

图 10-7　钮子式开关内部结构图

技能演示 10.1.2　开关部件的检测训练

开关部件的检测主要是使用万用表检测引脚的通断，来判断该开关部件的好坏。根据开关部件结构的不同，检测方法也有所差异。

1. 按动式开关的检测方法

【图解演示】

在未操作前，按动式开关内部的常闭静触头处于闭合状态，常开静触头处于断开状态。在操作时，按动式开关内部的常闭静触头断开，常开静触头闭合。

根据此特性，使用万用表分别对按动式开关进行检测。以复合按动式开关为例，检测时将万用表调至"×1k"欧姆挡，将两表笔分别搭在两个常闭静触头上，测得的阻值趋于零。接着用同样的方法检测两个常开静触头之间的阻值，测得的阻值趋于无穷大，如图 10-8 所示。

图 10-8　复合按动式开关的检测

　　为了正确判断该按动式开关是否正常，可按下复合式按动式开关，再次进行检测，测得常闭静触头之间的阻值趋于无穷大，常开静触头之间的阻值趋于零。

2. 旋转式开关的检测方法

【图解演示】

　　对旋转式开关进行检测，主要是检测其常通触片和选通触片之间的阻值，检测时将万用表调至"×1"欧姆挡，将两表笔分别搭在常通触片和选通触片上，如图 10-9 所示。常通触片与接通的选通触片之间阻值趋于零，常通触片与断开的选通触片之间的阻值趋于无穷大。

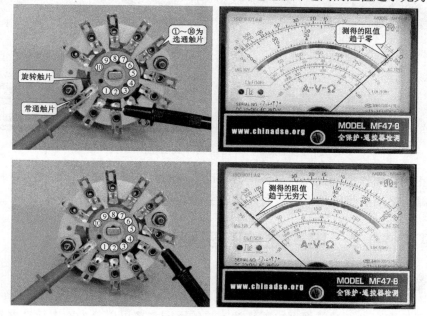

图 10-9　旋转式开关的检测方法

为了正确判断该旋转式开关是否正常，还应检测其他选通触片，利用钳子旋转转柄，将旋转触片的触点调制选通触片其他位置，再次进行检测。

3. 滑动式开关的检测方法

【图解演示】

对滑动式开关进行检测，主要是检测开关内部触点的通断。根据滑动式开关的内部触点结构，可以判断其内部触点的连接关系。检测时，将万用表调至"×1"欧姆挡，通过拨动滑动手柄使用万用表检测开关内部触点的接通与断开状态是否正常，从而判断其开关是否损坏，如图 10-10 所示。测得远离手柄触点之间的阻值趋于零，靠近手柄触头之间的阻值趋于无穷大。

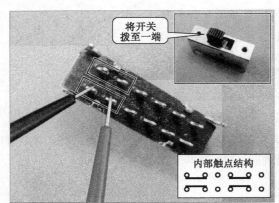

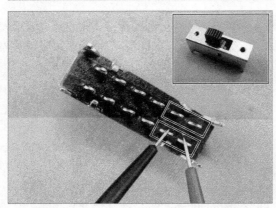

图 10-10　滑动式开关的检测

为了正确判断该滑动式开关是否正常，可将滑动式开关拨动后，再次进行检测，测得远离手柄触点之间的阻值趋于无穷大，靠近手柄触点之间的阻值趋于零。

任务模块 10.2　电声器件的识别与检测训练

新知讲解 10.2.1　认识电声器件

电声器件有多种，通常根据电能转换方式的不同主要可以分为声电转换器件、电声转换器件、磁电转换器件和电磁转换器件等。

1. 声电转换器件的结构

声电转换器件是指能将声波振动转换成音频信号的器件，常见的声电转换器件有传声器（话筒）等。

【图文讲解】

如图 10-11 所示为典型声电转换器件（动圈式传声器）的结构，它能将讲话或唱歌的声音转换成电信号。

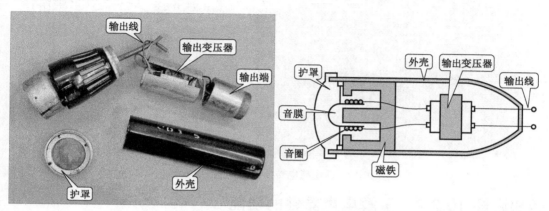

图 10-11　典型声电转换器件（动圈式传声器）的结构

2. 电声转换器件的结构

电声转换器件的种类较多，其结构和工作原理基本相同，常见的电声转换器有扬声器等。

【图文讲解】

如图 10-12 所示为典型电声转换器件（扬声器）的结构，它能将音频电信号转换成纸盆的振动发声。

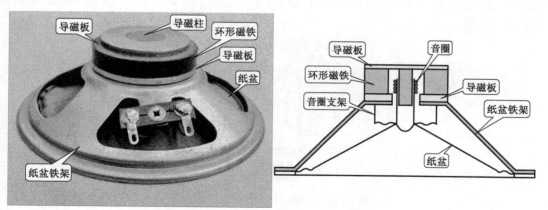

图 10-12　典型电声转换器件（扬声器）的结构

3. 磁电和电磁转换器件的结构

磁电和电磁转换器件中最常见的就是磁头，磁头一般由带缝隙的铁芯和绕在铁芯上的线圈等部分构成的，记录时，磁头将音频信号变成磁场去磁化磁带，将电信号变成磁信号留在磁带上。在放音时，录有磁信号的磁带经过磁头时，磁带上的磁信号感应磁头线圈，线圈感应出电信号，将磁信号变成电信号。

【图文讲解】

如图 10-13 所示为典型磁头的结构。

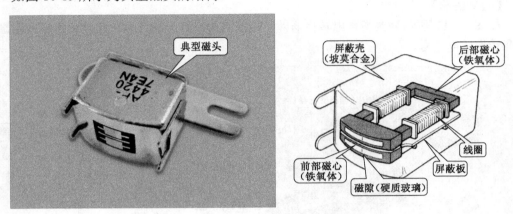

图 10-13　典型磁电转换器件（磁头）的结构

新知讲解 10.2.2　了解电声器件的功能

电声器件是指利用电磁感应或静电感应，将音频电信号和声音信号转换成声波振动或将声波振动转换成电信号的器件。

1．声电转换器件的工作原理

【图文讲解】

动圈式传声器的工作原理如图 10-14 所示，当有声源对着传声器发出声音时，音膜就随着声音前后颤动，从而带动音圈在磁场中做切割磁力线的运动。根据电磁感应原理，在线圈两端就会产生感应音频电动势，将电动势加到电路中就会形成音频信号电流，从而完成了声电转换。

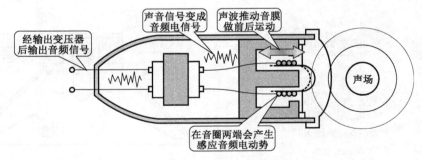

图 10-14　动圈式传声器的工作原理图

电信号通过传输线向外传输，但由于线圈（通常称为音圈）圈数很少，阻抗很低，输出的电压小，不能满足（与之相连接的）放大器对输入信号的要求。因此，动圈式传声器中都装有输出（升压）变压器，初级接振动膜线圈（音圈），次级接输出线，将音频信号电压增强。

2．电声转换器件的工作原理

电动式扬声器（如图 10-12 所示）的纸盒与音圈连在一起，音圈置于扬声器的磁场中间，当扬声器的音圈通入音频电信号后，音圈在电流的作用下便产生一个交变的磁场，由于音圈产生磁场的大小和方向随音频电信号的变化不断地改变，这样会受到永磁体磁场的相互作用使音圈作垂直于音圈中电流方向的运动，由于音圈和振动膜相连，从而音圈带动振动膜振动，由振动膜振动引起空气的振动而发出声音。

在工作的过程中，输出给音圈的音频电信号越大，其磁场的作用力就越大，振动膜振动的幅度也就越大，声音则越响。反之，声音则越弱。扬声器可以发出高音的部分主要在振动膜的中央，扬声器发出低音的部分主要在振动膜的边缘。如果扬声器的振动膜边缘较为柔软且纸盆口径较大则扬声器发出的低音效果较好。

【图文讲解】

扬声器的工作都离不开推动扬声器的驱动器，音频信号需要放大到足够的功率后才能驱动扬声器（音箱）发声。扬声器驱动器又称为音频功率放大器，如图 10-15 所示。

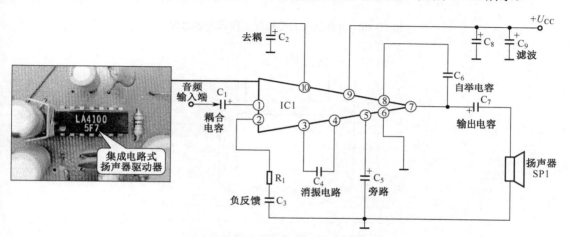

图 10-15　典型的扬声器驱动器电路

图 10-15 中采用集成电路式功率放大器，IC1 共有 10 个引脚，①脚为音频信号输入端，输入的音频信号经 IC1 放大，经过电压放大级、推动级和功放级放大后的信号从⑦脚输出，经电容 C_7 加到扬声器 SP1 中。

3．磁电和电磁转换器件的工作原理

（1）录音头

【图文讲解】

如图 10-16 所示是录音磁头的结构与工作原理示意图。由磁头铁芯构成磁路，铁芯上面绕有线圈，线圈中输入信号电流以产生磁场。铁芯上留有缝隙，缝隙附近产生磁通，利用这种漏磁通使磁带的磁体磁化。这就是录音头的简单工作原理。

（2）放音头

放音头的作用是把记录在磁带上的剩磁信号恢复为原来的电信号。

【图文讲解】

从电磁感应的原理可知，若在线圈周围有变化的磁通，则在线圈中产生感应电势。放音时，已录音的磁带上的磁性体的磁力线通过放音头线圈，就会在线圈中产生感应电势，这样就把磁通的变化量转换成电压。如图 10-17 所示为放音头的结构与工作原理图。

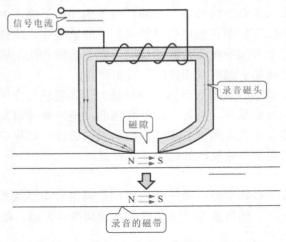

图 10-16　录音磁头的结构与工作原理示意图

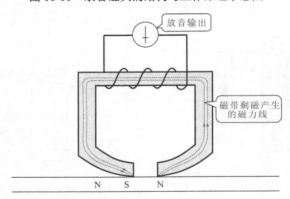

图 10-17　放音头工作原理图

技能演示 10.2.3　电声器件的检测训练

对电声器件进行检测，通常是根据电声器件的工作原理检测其自身阻抗来判断电声器件的好坏。包括声电转换器件、电声转换器件、磁电转换器件的检测。

1．声电转换器件的检测方法

对声电转换器件进行检测时，需要首先判断声电转换器件的类型并了解内部结构。以传声器（话筒）为例，最好是在有声音的环境下检测话筒的输出信号，应满足输出幅度和频率响应的要求，也可通过检测其自身电极间阻抗的方法来判断它的好坏。

【图解演示】

检测时，将万用表调至"×1 k"欧姆挡，用万用表的表笔分别接触话筒的两个引线端，正常时，应有一个固定的电阻值，如图 10-18 所示。

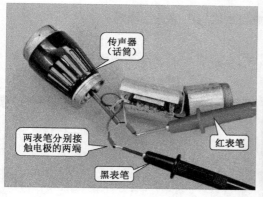

图 10-18　检测传声器的两电极之间的阻值

若所测得的电阻值趋于 0 或者无穷大，则证明传声器已经损坏。若测得电阻值与标称值相近，传声器还是无法发出声音，则可检测输出变压器是否损坏。

2. 电声转换器件的检测方法

对电声转换器件进行检测时，需要首先判断电声转换器件的类型并了解内部结构。以扬声器为例，用音频信号驱动扬声器，检测扬声器发声的强度和频率响应范围，也可通过检测其自身电极阻抗的方法来判断它的好坏。

【图解演示】

检测时，将万用表调至 "×1" 欧姆挡，用万用表的表笔分别搭在扬声器的两个电极上，如图 10-19 所示。该扬声器的交流阻抗为 8 Ω。

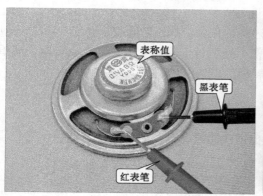

图 10-19　检测扬声器两极的阻值

扬声器线圈的直流阻扰，通常为几 Ω～十几 Ω；若测得的阻值趋于零或者趋于无穷大，则说明扬声器已损坏。

在检测时，若扬声器的性能良好，当用万用表的两只表笔接触扬声器的电极时，扬声器便会发出 "咔咔" 的声音。若扬声器损坏，则没有声音发出。

同传声器相同，在具有扬声器驱动器的电子产品中，若扬声器不能正常发出声音，还需要对扬声器驱动器进行检测。

3. 磁电转换器件的检测方法

对磁电转换器件进行检测时，需要首先判断磁电转换器件的类型并了解内部结构。以磁头为例,可用测量磁头引脚间阻值的方法来判断磁头内部是否损坏。

【图解演示】

检测时,将万用表调至"×1k"欧姆挡,用红、黑表笔分别接触磁头的两只引脚,如图 10-20 所示。

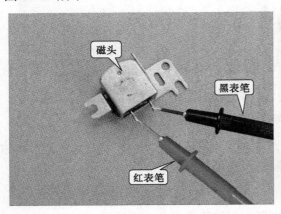

图 10-20　检测磁头引脚间阻值

若检测时可以测得一个固定的阻值,则说明磁头内部没有损坏;若检测的阻值趋于无穷大,则说明磁头内部已经损坏。若检测阻抗的值正常,还应检查工作面是否受损。

任务模块 10.3　传感器件的识别与检测训练

传感器件是指能感受并能将所感受的物理量或化学量等(如温度、湿度、光线、速度、浓度、位移、重量、压力、声音等)转换成便于处理与传输的电量的器件或装置。简单地说,传感器是一种将外界物理量(非电量)转换为电信号的器件。

新知讲解 10.3.1　认识传感器件

传感器是一种能感知外界环境变化,并根据变化情况进行能量转换的器件。它包含了拾取信息和将拾取到的信息进行变换的过程。

【图文讲解】

如图 10-21 所示为常见传感器件的结构,传感器通常是由敏感元件、转换元件、测量电路和辅助电源等部分组成的。

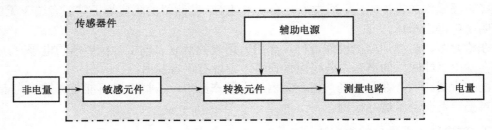

图 10-21　传感器的结构组成

敏感元件是指传感器中能直接感知被测非电量,并能够将其送到"转换元件"转换成电量的部分；转换元件是指传感器中能将敏感元件感知的被测量转换成能够传输或测量的电信号部分；测量电路是指将转换元件输出的电量变成能够直观显示、记录、处理和控制的电路部分；辅助电源是为转换元件和测量电路提供工作电压的部分。

电子产品中应用的传感器件的种类较多，分类方式也多种多样。通常根据其基本感知功能可分为光电传感器、温度传感器、湿度传感器、磁场（霍尔）传感器等。

1. 光电传感器的结构

【图文讲解】

光电传感器是指能够将可见光转换成某种电量的传感器。光电传感器也叫光电器件，它通常是由半导体材料制成的。可以将光信号直接转换成电信号。如图 10-22 所示为常见光电传感器（光敏电阻器）的结构。

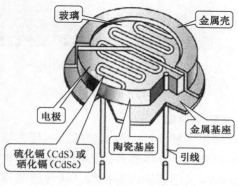

图 10-22　常见光电传感器（光敏电阻器）的结构

2. 温度传感器的结构

【图文讲解】

温度传感器是利用电阻值随温度变化而变化这一特性，来测量温度及与温度有关的参数，如图 10-23 所示为常见温度传感器（热敏电阻器）的结构。

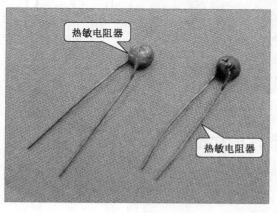

图 10-23　常见温度传感器（热敏电阻器）

3．湿度传感器的结构

【图文讲解】

常见的湿度传感器是一种湿敏电阻，它的电阻值对环境湿度比较敏感。该传感器的电阻值会随着环境湿度的变化而变化。如图 10-24 所示为湿度传感器的结构。

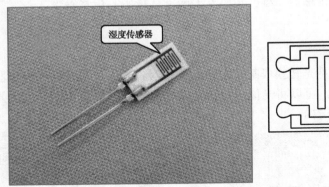
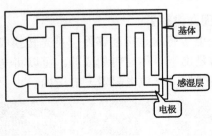

图 10-24　湿度传感器的结构

4．霍尔传感器的结构

【图文讲解】

霍尔传感器是一种典型的磁场传感器，主要由霍尔元件和集成电路构成。霍尔元件是一种特殊的半导体器件。该类传感器具有尺寸小、性能优良等特点。如图 10-25 所示为典型的霍尔传感器的内部结构。该传感器是将霍尔元件和放大电路集于一身，因而也被称为霍尔 IC。

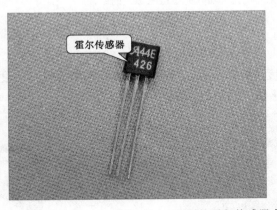
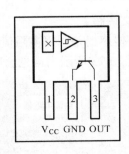

图 10-25　典型的霍尔传感器内部结构

新知讲解 10.3.2　了解传感器件的功能

传感器的工作原理简单地说就是通过感知非电量的变化情况，输出电量的过程。

1．光电传感器的特性

【图文讲解】

光电传感器是指通过传感器件（如光敏电阻、光敏二极管、光敏晶体管、光耦合器及光电池等）感知光信号的变化，并将这一变化量转化为电量的过程，如图 10-26 所示。

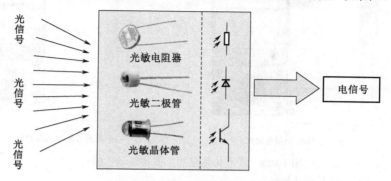

（a）光敏电阻器、光敏二极管、光敏晶体管工作原理

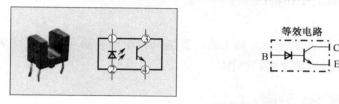

（b）光耦合器工作原理

图 10-26　光电传感器的工作特性

2. 温度传感器的特性

【图文讲解】

温度传感器是通过感知环境温度的变化，并将该变化量转换为电量的过程，如图 10-27 所示为温度传感器的工作特性示意图。

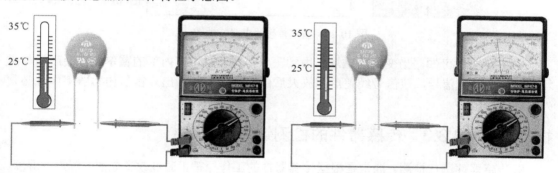

（a）温度较低时，电阻值较小　　　　　（b）温度较高时，电阻值较大

图 10-27　温度传感器的工作特性示意图

3. 湿度传感器的特性

【图文讲解】

湿度传感器是通过感知环境湿度的变化，并将该变化量转换为电量的过程，如图 10-28 所示为湿度传感器的工作特性示意图。

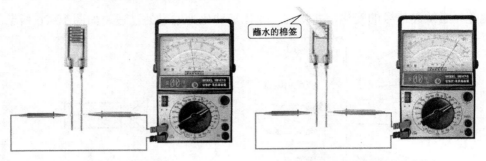

（a）湿度较低时，电阻值较大　　　　　　　　　　（b）湿度较高时，电阻值较小

图 10-28　湿度传感器的工作特性示意图

4．霍尔传感器的工作特性

【图文讲解】

霍尔传感器是将霍尔元件、放大器、温度补偿电路及稳压电源集成到一个芯片上的器件，如图 10-29 所示为其电路特性图。

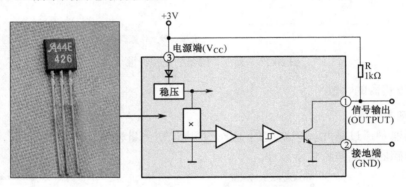

图 10-29　霍尔传感器电路特性图

由图 10-29 可知，当变化的磁场作用到霍尔传感器时，其内部的霍尔元件会产生与磁场相对应的电压信号，该信号经整形和放大后由信号输出端输出。霍尔传感器工作时必须外加工作电压。

技能演示 10.3.3　传感器件的检测训练

对传感器件进行检测，通常是根据传感器件的工作原理，通过改变光照、温度、湿度、磁场等环境条件，检测该传感器件的变化。

1．光电传感器的检测方法

对光电传感器进行检测时，需要首先判断光电传感器的类型。以光敏电阻为例，可通过改变光照来检测其阻值变化。

【图解演示】

检测时将万用表调至"×1k"欧姆挡，两支表笔分别搭在光敏电阻的两引脚端，可以测得一个阻值，然后用遮光物体遮住光敏电阻器再次检测，可以观察到阻值的变化，如图 10-30 所示。

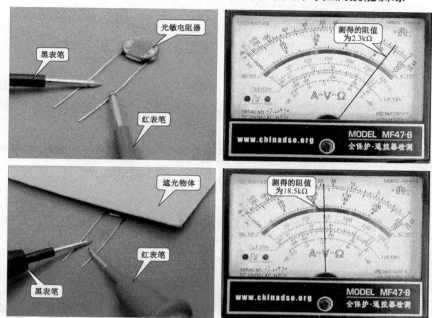

图 10-30　光电传感器（光敏电阻）的检测方法

2. 温度传感器的检测方法

对温度传感器进行检测时，可通过改变环境温度来检测其阻值变化。

【图解演示】

检测时将万用表调至"×1k"欧姆挡，两支表笔分别搭在温度传感器的两引脚端，可以测得一个阻值，然后提高环境温度再次检测，可以观察到阻值的变化，如图 10-31 所示。

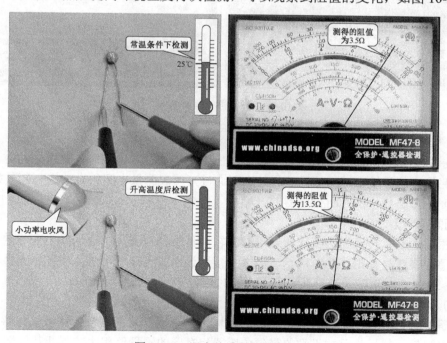

图 10-31　温度传感器的检测方法

183

3. 湿度传感器的检测方法

对湿度传感器进行检测时，可通过改变环境湿度来检测其阻值变化。

【图解演示】

检测时将万用表调至"×10k"欧姆挡，两支表笔分别搭在湿度传感器的两引脚端，可以测得一个阻值，然后使用蘸水的棉棒擦拭湿度传感器，改变环境湿度再次检测，可以观察到阻值的变化，如图 10-32 所示。

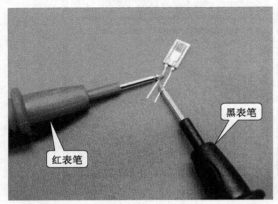

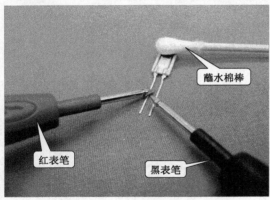

图 10-32　湿度传感器的检测方法

4. 霍尔传感器的检测方法

霍尔传感器一般都具有电源端、信号输出端和接地端。检测时，最有效的方法是用示波器在路检查信号输出端的信号。另外也可通过万用表测量电阻的方法来判断其好坏。

（1）测输出信号法判断传感器的好坏

【图解演示】

根据前述霍尔传感器的工作原理可知，霍尔传感器在其周围磁场发生变化的同时，信号输出端应有信号输出。此时用示波器探头接到该引脚上，使小磁体在霍尔元件前晃动，如图 10-33 所示，观察示波器显示屏，正常时应能够检测到信号波形。

（2）测阻值法判断霍尔传感器的好坏

测量电阻值的方法判断霍尔传感器的好坏，是指用万用表测量待测霍尔传感器各引脚之间的电阻值，然后与已知正常的霍尔传感器相对应的测量值相比较判断其好坏的方法。

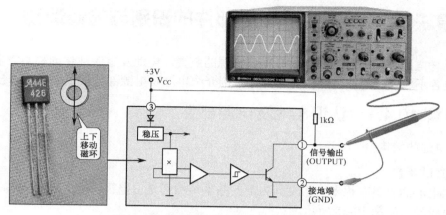

图 10-33 检测霍尔传感器输出信号的检测

【图解演示】

以霍尔传感器（A44E426）为例，检测时将万用表的量程调至"×1 k"欧姆挡，黑表笔接电源端（①脚），红表笔接地（②脚），观察万用表读数，约为 40 kΩ，调换表笔重新测量，观察万用表读数，接近无穷大，如图 10-34 所示。

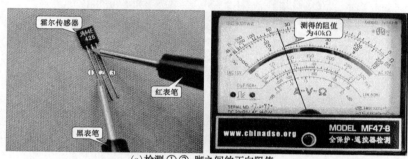

(a) 检测①② 脚之间的正向阻值

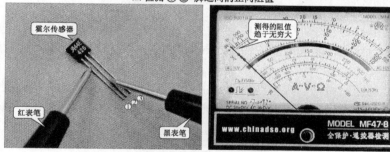

(b) 调换表笔测①② 脚之间的反向阻值

图 10-34 测阻值法判断霍尔传感器的好坏

【资料链接】

霍尔传感器（A44E426）各引脚之间的电阻值如表 10-1 所示。

表 10-1 霍尔传感器（A44E426）各引脚间的电阻值

引脚号	电阻值（kΩ）	引脚号	电阻值（kΩ）	引脚号	电阻值（kΩ）
①②	40	②③	8	①③	∞
②①	∞	③②	∞	③①	∞

任务模块 10.4　电池与电源部件的识别与检修训练

电池与电源部件都是为用电设备提供能源的装置。电池及电源部件的种类较多，应用的领域也各不相同，下面主要以典型部件为例介绍电池及电源部件的识别与检修技能。

新知讲解 10.4.1　认识电池及电源部件

1．电池的结构

【图文讲解】

虽然电池的种类有很多，但是其内部的基本结构都是由电极、电解质、隔膜、外壳四大部分组成的，如图 10-35 所示。

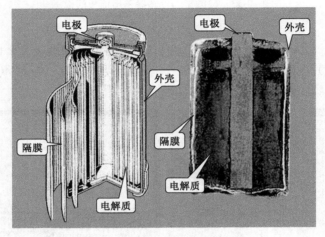

图 10-35　电池的结构

（1）电极

电极是电池的核心部分，分为正极、负极，它主要由活性物质和导电骨架组成。活性物质能够通过化学变化转变成电能的物质，导电骨架主要起传导、支撑活性物质的作用。

（2）电解质

电流经闭合的回路做功，在电池外部是由电子导电形成回路，而在电池的内部是靠导电离子的定向移动来形成回路，电解质溶液则是导电离子的载体，所以电解质的作用是实现电池放电时的离子导电过程。

（3）隔膜

在电池内部，如果正、负两极材料相接时，这时电池会出现内部短路，其结果是使电池所储存的电被消耗。所以，电池内部也就需要一种材料或物质将正极和负极隔离开来，以防止两极在储存和使用过程中被短路，而这种起隔离作用的物质叫作隔膜。隔膜大体可分为三类：板材隔膜（如铅酸电池用的微孔橡胶隔板和塑胶板）、膜材隔膜（如浆屑纸、玻璃纤维等）、胶状物隔膜（如糨糊屑、硅胶体等）。

（4）外壳

电池的外壳是容纳电极、电解质、隔离物等部分的容器，起保护作用。为防止电池内电解质的泄漏，通常将电池进行密封，形成一个牢固的整体。

2．电源部件的结构

【图解演示】

在电子产品中都设有电源部件，电源部件包括熔断器、互感滤波器、桥式整流堆、滤波电容、开关变压器、光电耦合器等部件构成，如图 10-36 所示为充电器中的电源部件。

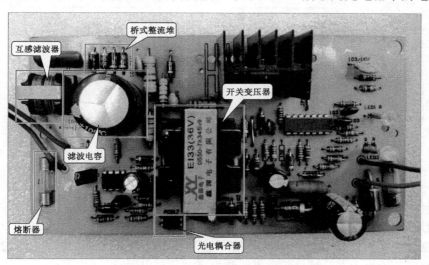

图 10-36　充电器中的电源部件

新知讲解 10.4.2　了解电池及电源部件的功能

1．电池的功能

【图解演示】

电池拥有将化学能、光能、热能等能量直接转变为电能的功能。如图 10-37 所示为电池的工作原理，将电池为灯泡供电，并在导线中间设置一个开关。当开关闭合时，电池的正负极之间便形成回路，电流由正极，经导线、开关、灯泡后回到负极。此时电池为灯泡进行供电，使其点亮。实际上电子在导体内运动的方向与电流的方向相反。

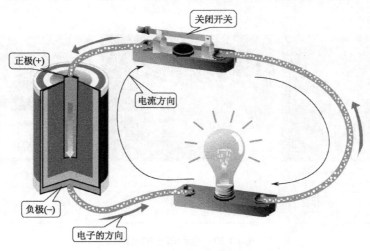

图 10-37　电池的工作原理

一节电池的电压是固定的，所能提供的电流也是有限的，如果需要较高的电压或较大的电流，可以将多节电池组合起来。若此时需要更高的电压时，可以采用串联的方法将电池以正、负连接，进行供电。若需要更大的电流时，则可以将电池并行连接进行供电，如图 10-38 所示为电池的连接方法。

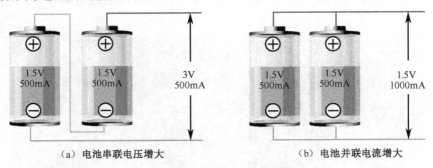

（a）电池串联电压增大　　　　　　（b）电池并联电流增大

图 10-38　电池的并联和串联

2. 电源部件的功能

【图解演示】

电源部件的功能如图 10-39 所示，利用直流稳压电压就可以将市电（交流 220V）转换为合适的电压，为电子产品等进行供电，使电子产品可以进行工作。

互感滤波器主要是由两组线圈对称绕制而成，可以滤除外电路的干扰脉冲进入电子产品，并使电子产品内的脉冲信号不会对外部电网造成干扰

桥式整流堆将输入的交流220V电压经过整流输出直流电压，桥式整流堆的内部是由四个二极管构成的且互相接成桥式形式

滤波电容主要是对经桥式整流堆输出的脉动直流电压滤波成平滑的直流电压，电源电路中的滤波电容相对与其他电容的体积较大

熔断器主要起保护电路及元器件的功能，但电路中的电流超过熔断器的额定电流时，内部熔丝会熔断，对电路进行保护

开关变压器的作用是将高频高压脉冲变成多组高频低压脉冲

光电耦合器是将开关电源输出电压的误差反馈到开关集成电路上，其内部由发光二极管和光敏器件集成的

图 10-39　电源部件的功能

技能演示 10.4.3　电池及电源部件的检测训练

1．电池的检测

对电池进行检测时，可以分别对电池直接进行检测或通过连接负载进行检测。

【图解演示】

电池的检测方法如图 10-40 所示，若电池的电压与正常的 1.5 V 电压值相差很多，表明电池电量几乎耗尽，电池消耗的过程中电池的内阻逐渐增加，不连接负载无法检测出其是否耗尽。

（a）未连接负载时，检测电池电压

（b）连接负载时，检测电池电压

图 10-40　电池的检测方法

2．电源部件的检测方法

（1）熔断器的检测

【图解演示】

如图 10-41 所示为使用万用表检测熔断器，将万用表的红、黑表笔分别搭在熔断器的两端，若其正常时，阻值应为零，若当熔断器损坏时，阻值应为无穷大。

（2）互感滤波器的检测

【图解演示】

如图 10-42 所示为使用万用表检测互感滤波器，将万用表的量程调至"×1k"欧姆挡，然后将红、黑表笔分别搭在互感滤波器的①、②和③、④之间检测其阻值，正常时每组线圈的阻值小于1Ω，若测得阻值较大或为无穷大，则表明互感滤波器内部断路或检测的引脚不是同一组。

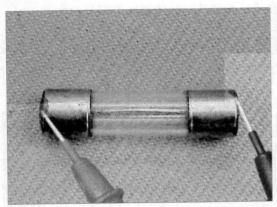

图 10-41　熔断器的检测方法

图 10-42　互感滤波器的检测方法

（3）桥式整流堆的检测

对桥式整流堆进行检测时，可以通过在路检测其输出的供电电压是否正常，并对其好坏进行判断；也可以通过开路检测其阻值，并对其好坏进行判断。

【图解演示】

如图 10-43 所示为在路检测桥式整流堆的输出电压。接通电源，将万用表调整为直流电压挡，红表笔搭在桥式整流堆的"+"端，黑表笔搭在桥式整流堆的"-"端，在正常情况下可以检测到输出电压为"DC 300 V"。若没有检测到"DC 300 V"时，需检测输入端是否有"AC 220 V"是否正常。若输入端电压正常，而无输出，则说明桥式整流堆损坏。

如图 10-44 所示为检测桥式整流堆引脚间的阻值。在桥式整流堆上标有引脚标志，使用万用表检测输出端"+"、"-"之间的阻值，正常情况下，当红表笔搭在"+"引脚，黑表笔搭在"-"上时，应当可以检测到阻值，将表笔对调后，应当检测到的阻值为无穷大。若检测到的阻值与正常值偏差较大时，说明该桥式整流电路损坏。

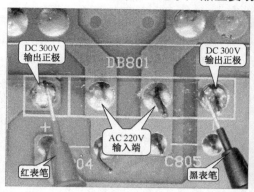

图 10-43　在路检测桥式整流堆的输出电压

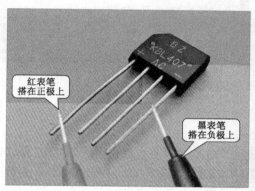

图 10-44　开路检测桥式整流堆的引脚阻值

（4）滤波电容的检测

对滤波电容进行检测时，可以通过在路检测电容两端的电压是否正常，并对其好坏进行判断；也可以通过开路检测其充放电效果，并对其好坏进行判断。

【图解演示】

如图 10-45 所示为在路检测滤波电容的电压，在通电情况下，将红表笔搭在滤波电容的正极，黑表笔搭在滤波电容的负极，正常情况下可以检测到约+300 V 的直流电压，若检测的电压正常，表明电容基本正常，如果电容漏电严重将会引起桥式整流电路损坏或熔断器损坏。

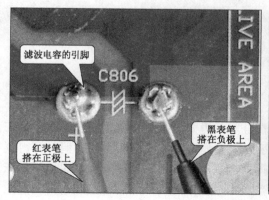

图 10-45　在路检测滤波电容的输出电压

如图 10-46 所示为开路检测滤波电容的充放电过程，将滤波电容由电路板上取下，使用万用表的红、黑表笔分别搭在滤波电容的两个引脚上，若万用表的指针进行摆动，说明滤波电容的充放电正常。若无充放电现象或阻值较小时，说明该滤波电容可能损坏。

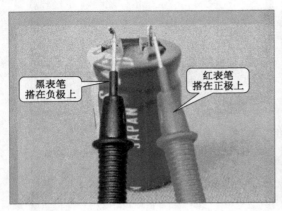

图 10-46　开路检测滤波电容的充放电过程

（5）开关变压器的检测

【图解演示】

如图 10-47 所示为使用示波器检测开关变压器，在通电状态下，将示波器的表笔靠近开关变压器的磁芯部分，此时即可感应到开关脉冲信号，若感应到脉冲信号时，说明开关变压器和开关正当电路工作正常，如无脉冲信号，则开关振荡电路或开关变压器故障。

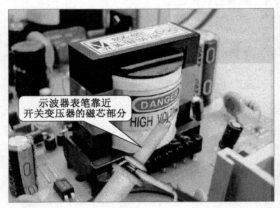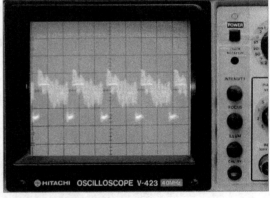

图 10-47　开关变压器的检测

（6）光电耦合器的检测

【图解演示】

如图 10-48 所示为使用万用表检测光电耦合器，焊开一个引脚将万用表黑表笔搭在光电耦合器的①脚，红表笔搭在②脚，测得其正向阻值为无穷大，将两表笔对调，测得其反向阻值也为 1.6 kΩ；接下来再检测③脚和④脚的阻值，将红表笔搭在③脚，黑表笔搭在④脚，在正常情况下，测得③脚和④脚的正向阻抗值约为 2.2 kΩ，然后对换表笔再测量两个引脚间的反向阻抗值是 7.9 kΩ。不同的光电耦合器阻值可能也有所不同，但若检测到的阻值为零或无穷大时，说明该光电耦合器损坏。

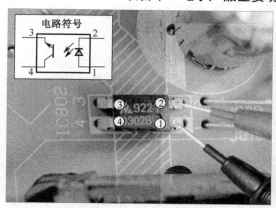

图 10-48 光电耦合器的检测

任务模块 10.5 电动机的识别与检测训练

新知讲解 10.5.1 认识电动机

电动机是一种利用电能转换为机械能的设备，电动机的种类有很多，通常可以按照使用电源不同分为直流电动机和交流电动机。

1. 直流电动机

直流电动机是由直流电源（电源具有正负极）为其供给电能。具有良好的可控性能，能在较宽的范围内进行平滑的无级调速，还适用于频繁启动和停止动作，应用领域较为广泛。直流电动机通常可以按照主磁场的不同分为永磁式直流电动机和电磁式直流电动机。也可以按照结构的不同，分为有刷直流电动机和无刷直流电动机。

（1）永磁式直流电动机的功能特点

【图文讲解】

如图 10-49 所示为永磁式直流电动机的外形，该电动机的定子磁极是由永久磁铁组成的，它的体积小，功率小，转速稳定。永磁式直流电动机又可以分为稀土永磁直流电动机、铁氧化物永磁直流电动机以及铝镍钴永磁直流电动机等。

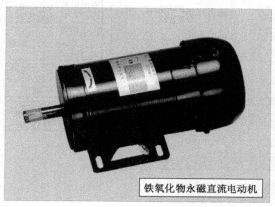
铁氧化物永磁直流电动机

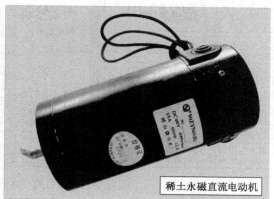
稀土永磁直流电动机

图 10-49 永磁式直流电动机

（2）电磁式直流电动机的功能特点

【图文讲解】

如图 10-50 所示为电磁式直流电动机的外形，这种电动机的定子磁极是由铁芯绕以线圈构成的，线圈由外部直流电源供电，定子和转子磁极都产生磁场，驱动转子旋转。根据其线圈供电方式的不同又可以分为他励式直流电动机、并励式直流电动机、串励式直流电动机、复励式直流电动机等。

图 10-50　电磁式直流电动机

【资料链接】

如图 10-51 所示为典型直流电动机的铭牌，通常位于直流电动机外壳较明显的位置，标注着直流电动机的型号、额定电压、额定电流、转速等相关规格参数。直流电动机上的型号是指电动机的类型、系列以及代号等。不同的符号代表的意思有所不同，可以参照表 10-2 所示进行对照识别。

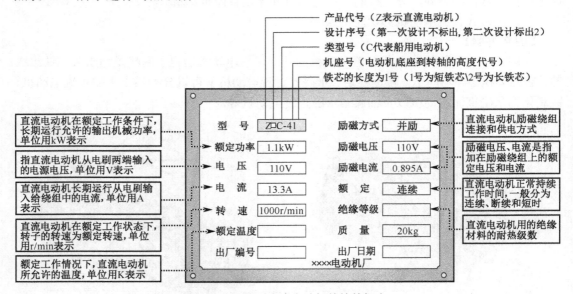

图 10-51　典型直流电动机的铭牌标志

表 10-2　直流电动机常用字符代号对照

型号	名称	型号	名称
Z	直流电动机	ZTD	电梯用直流电动机
ZK	高速直流电动机	ZU	龙门刨用直流电动机
ZYF	幅压直流电动机	ZKY	空气压缩机用直流电动机
ZY	永磁（铝镍钴）直流电动机	ZWJ	挖掘机用直流电动机
ZYT	永磁（铁氧体）直流电动机	ZKJ	矿井卷扬机直流电动机
ZYW	稳速永磁（铝镍钴）直流电动机	ZG	辊道用直流电动机
ZTW	稳速永磁（铁氧体）直流电动机	ZZ	轧机主传动直流电动机
ZW	无槽直流电动机	ZZF	轧机辅传动直流电动机
ZT	广调直流电动机	ZDC	电铲用起重直流电动机
ZLT	他励直流电动机	ZZJ	冶金起重直流电动机
ZLB	并励直流电动机	ZZT	轴流式直流通风电动机
ZLC	串励直流电动机	ZDZY	正压型直流电动机
ZLF	复励直流电动机	ZA	增安型直流电动机
ZWH	无换向器直流电动机	ZB	防爆型直流电动机
ZX	空心杯直流电动机	ZM	脉冲直流电动机
ZN	印刷绕组直流电动机	ZS	试验用直流电动机
ZYJ	减速永磁直流电动机	ZL	录音机永磁直流电动机
ZYY	石油井下用永磁直流电动机	ZCL	电唱机永磁直流电动机
ZJZ	静止整流电源供电直流电动机	ZW	玩具直流电动机
ZJ	精密机床用直流电动机	FZ	纺织用直流电动机

通过识读该直流电动机的铭牌标志可知：该电动机为普通直流电动机，为第 1 次设计；机座号为 4，铁芯为短铁芯。额定功率为 1.1kW；正常工作时，从电刷两端输给电动机的电压为 110V，电流为 13.3A；转子的速度为每分钟 1000 r，采用并励方式；加在励磁绕组上的额定电压为 110V，额定电流为 0.895A；此电动机可以采用连续工作的方式运行；电动机的总重量为 20kg。

2．交流电动机的功能特点

交流电动机是由交流电源供电，将电能转换为机械能的电动装置。交流电动机主要由一个用以产生磁场的电磁铁绕组或分布的定子绕组和一个旋转电枢或转子组成。交流电动机可以分为单相交流电动机和三相交流电动机两大种类。

（1）单相交流电动机的功能特点

【图文讲解】

如图 10-52 所示，单相交流电动机是利用单相交流电源进行供电，也就是由一根火线和一根零线构成的交流 220V 市电进行供电的电动机。单相交流电动机根据其结构不同，一般可分为单相同步电动机和单相异步电动机。单相同步电动机是指电动机的转动速度与供电电源的频率保持同步，其转速比较稳定，该类电动机结构简单、体积小、消耗功率少，所以可直接使用市电进行驱动，其转速主要取决于市电的频率和磁极对数，而不受电压和负载的影响。单相异步电动机是指电动机的转动速度与供电电源的频率不同步，其转速低于同步转速，单相异步电动机根据其启动方法和结构不同，可以分为分相式异步电动机和罩极式异步电动机两大类。

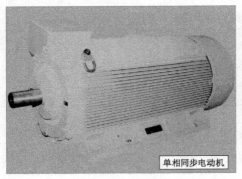
单相同步电动机

单相异步电动机

图 10-52　常见单向交流电动机的实物外形

【资料链接】

　　不同的单相交流电动机的规格参数都有所不同，但各参数均标志在单相交流电动机的铭牌上，并贴在电动机较明显的部位，便于使用者对该电动机各参数的了解。如图 10-53 所示为典型单相交流电动机的铭牌标志。在单相交流电动机的铭牌上通常标有型号、额定转速、额定功率、额定电压、额定电流、额定频率、绝缘等级、防护等级等。单相交流电动机的系列代号常用英文字母表示，不同的字母表示单相交流电动机的不同特点，如表 10-3 所示为单相交流电动机常用系列代号对照。如表 10-4 所示为绝缘等级代码对应的耐热温度值。

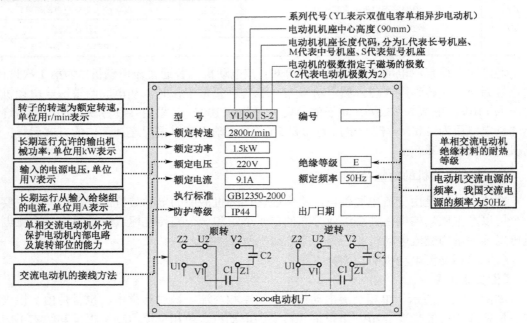

图 10-53　典型单相交流电动机的铭牌标志

表 10-3　单相交流电动机常用系列代号对照

字母代号	名称	字母代号	名称
YL	双值电容单相异步电动机	YC	单相电容启动异步电动机
YY	单相电容运转异步电动机		

表 10-4　绝缘等级代码所对应的耐热温度值

绝缘等级代码	E	B	F	H
耐热温度（℃）	120	130	155	180

（2）三相交流电动机

【图文讲解】

三相交流电动机是指利用三相交流电源供电的电动机，采用三相 380 V 供电的电动机比较常见，如图 10-54 所示为典型三相交流电动机的实物外形。三相交流电动机中最常见的为三相异步电动机，根据其内部结构不同，通常可分为鼠笼型异步电动机和绕线型异步电动机。

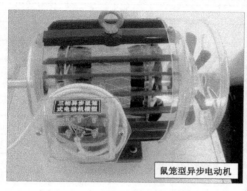

鼠笼型异步电动机　　　　　　　　绕线型异步电动机

图 10-54　常见三相交流电动机的实物外形

【资料链接】

三相交流电动机的各种规格参数也标注在电动机的铭牌上，其中包括型号、额定功率、额定电压、额定电流、额定频率、额定转速、噪声等级、接线方法、防护等级、绝缘等级、工作制等，如图 10-55 所示。三相交流电动机的系列代号常用英文字母表示，不同的字母表示三相交流电动机的不同特点，如表 10-5 所示为三相交流电动机常用系列代号对照。

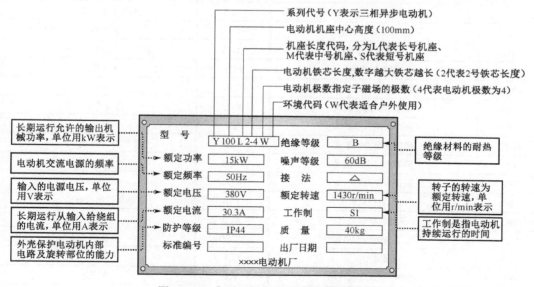

图 10-55　典型三相交流电动机的铭牌标志

表 10-5　三相交流电动机常用系列代号对照

字母代号	名称	字母代号	名称
Y	基本系列	YEP	制动（旁磁式）
YA	增安型	YEZ	锥形转子制动
YACJ	增安型齿轮减速	YG	辊道用
YACT	增安型电磁调速	YGB	管道泵用
YAD	增安型多速	YGT	滚筒用
YADF	增安型电动阀门用	YH	高滑差
YAH	增安型高滑差率	YHJ	行星齿轮减速
YAQ	增安型高启动转矩	YHT	转向器式（整流子）调速
YAR	增安型绕线转子	YI	装煤机用
YATD	增安型电梯用	YJI	谐波齿轮减速
YB	隔爆型	YK	大型高速
YBB	隔爆型	YLB	立式深井泵用
YBC	隔爆型耙斗式装岩机用	YLJ	力矩
YBCJ	隔爆型采煤机用	YLS	立式
YBCS	隔爆型齿轮减速	YM	木工用
YBCT	隔爆型采煤机用水冷	YNZ	耐振用
YBD	隔爆型电磁调速	YOJ	石油井下用
YBDF	隔爆型多速	YP	屏蔽式
YBEG	隔爆型电动阀门用	YPG	高压屏蔽式
YBEJ	隔爆型杠杆式制动	YPJ	泥浆屏蔽式
YBEP	隔爆型附加制动器制动	YPL	制冷屏蔽式
YBGB	隔爆型旁磁式制动	YPT	特殊屏蔽式
YBH	隔爆型管道泵用	YQ	高启动转矩
YBHJ	隔爆型高转差率	YQL	井用潜卤
YBI	隔爆型回柱绞车用	YQS	井用（充水式）潜水
YBJ	隔爆型装岩机用	YQSG	井用（充水式）高压潜水
YBK	隔爆型绞车用	YQSY	井用（充油式）高压潜水
YBLB	隔爆型矿用	YQY	井用潜油
YBPG	隔爆型立交深井泵用	YR	绕线转子
YBPJ	隔爆型高压屏蔽式	YRL	绕线转子立式
YBPL	隔爆型泥浆屏蔽式	YS	分马力
YBPL	隔爆型制冷屏蔽式	YSB	电泵（机床用）
YBPT	隔爆型特殊屏蔽式	YSDL	冷却塔用多速
YBQ	隔爆型高启动转矩	YSL	离合器用
YBR	隔爆型绕线转子	YSR	制冷机用耐氟
YBS	隔爆型运输机用	YTD	电梯用
YBT	隔爆型轴流局部扇风机	YTTD	电梯用多速
YBTD	隔爆型电梯用	YUL	装入式
YBY	隔爆型链式运输机用	YX	高效率
YBZ	隔爆型起重用	YXJ	摆线针轮减速

续表

字母代号	名称	字母代号	名称
YBZD	隔爆型起重用多速	YZ	冶金及起重
YBZS	隔爆型起重用双速	YZC	低振动低噪声
YBU	隔爆型掘进机用	YZD	冶金及起重用多速
YBUS	隔爆型掘进机用冷水	YZE	冶金及起重用制动
YBXJ	隔爆型摆线针轮减速	YZJ	冶金及起重减速
YCJ	齿轮减速	YZR	冶金及起重用绕线转子
YCT	电磁调速	YZRF	冶金及起重用绕线转子（自带风机式）
YD	多速	YZRG	冶金及起重用绕线转子（管道通风式）
YDF	电动阀门用	YZRW	冶金及起重用涡流制动绕线转子
YDT	通风机用多速	YZS	低振动精密机床用
YEG	制动（杠杆式）	YZW	冶金及起重用涡流制动
YEJ	制动（附加制动器式）		

技能演示 10.5.2　电动机的检测训练

1. 直流电动机的检测方法

在对直流电动机进行检测前，应当了解直流电动机的检测流程，可以按照检测流程对直流电动机进行检测，如图 10-56 所示。

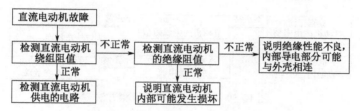

图 10-56　直流电动机的检测流程

【图解演示】

如图 10-57 所示为使用万用表"×10k"欧姆挡检测直流电动机绕组阻值。将万用表的红、黑表笔任意搭在供电端上，测得阻值为 100 Ω。若测量结果为无穷大或 0，说明电动机线圈绕组损坏。

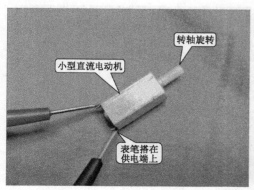

图 10-57　测量直流电动机绕组阻值

如图 10-58 所示为检测直流电动机线圈与外壳的绝缘阻值。将万用表的红表笔搭在供电端，黑表笔搭在电动机外壳上，正常情况下，绝缘阻值为无穷大。若检测结果很小或为 0，说明电动机绝缘性能不良，内部导电部分可能与外壳相连。

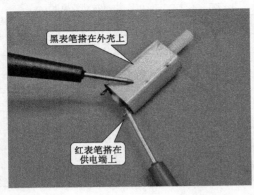

图 10-58　测量线圈与外壳的绝缘阻值

2．交流电动机的检测方法

在对交流电动机进行检测前，首先应当了解交流电动机的检修流程，如图 10-59 所示为单相交流电动机的检测方法。

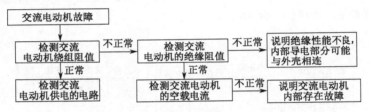

图 10-59　交流电动机的检测方法

（1）单相交流电动机的检测方法

【图解演示】

如图 10-60 所示为使用万用表检测单相交流电动机的绕组阻值。在检测时将万用表的红、黑表笔分别搭在运行绕组的线圈两端，该电动机检测到的阻值为 15 Ω。若检测到的阻值为零或无穷大时，说明该电动机可能出现故障。

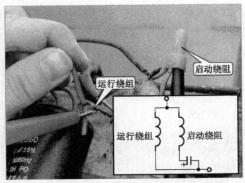

图 10-60　万用表检测绕组阻值

如图 10-61 所示为使用兆欧表检测交流电动机线圈与外壳的绝缘阻值，将红色接线夹夹在绕组线圈上，将黑接线夹夹在电动机外壳上，用手匀速摇动兆欧表的摇杆，正常情况下，绝缘阻值大于 1MΩ。再将红色接线夹夹在另一个绕组上，测得的绝缘阻值也为无穷大，若检测结果较小或为 0，说明电动机绝缘性能不良或内部导电部分与外壳相连。

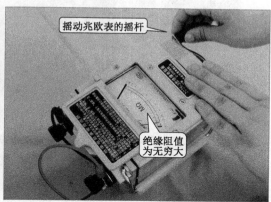

图 10-61　兆欧表测量线圈与外壳的绝缘阻值

如图 10-62 所示为使用钳形表检测交流电动机的空载电流。钳形表分别钳住相线和零线，所测得的空载电流量应相差不多。若测得的两个电流相差较大，说明电动机存在漏电故障。

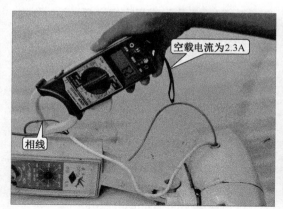
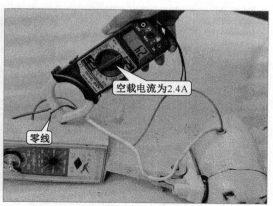

图 10-62　空载电流的检测

（2）三相交流电动机的检测方法

【图解演示】

如图 10-63 所示为三相交流电动机绕组间阻值的检测方法。首先应确保三相交流电动机接线端子上连接金属片已经取下，然后将万用表调至"×1k"欧姆挡，红、黑表笔任意搭在绕组的两个接线柱上，测得的阻值结果接近 5 Ω。只要保证测量的三组数据准确，并且阻值相同，便可说明电动机线圈绕组良好，若阻值出现无穷大或 0，则说明线圈绕组损坏。

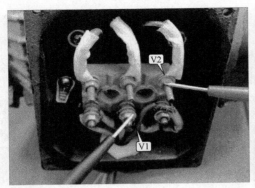

图 10-63　估测绕组阻值

如图 10-64 所示为使用兆欧表检测三相交流电动机的线圈与外壳间的绝缘阻值的方法。将红色接线夹夹在线圈绕组上，将黑接线夹夹在电动机外壳上，用手匀速摇动兆欧表的摇杆，正常情况下，绝缘阻值大于 1MΩ。再对其他两绕组的绝缘阻值进行检测，绝缘阻值也大于 1MΩ。若检测结果较小或为 0，说明电动机绝缘性能不良或内部导电部分与外壳相连。

如图 10-65 所示为使用钳形表检测三相交流电动机的空载电流。使电动机转轴上不带任何负载进行运行时，使用钳形表分别钳住三根相线（L1、L2、L3），测得的空载电流量 L1 为 3.4 A，L2 为 3.5 A，L3 为 3.4 A。平均电流为 3.4 A，任意绕组的电流值均未超出平均电流的 10%。若测得电流值超出平均电流的 10%，说明该电动机存在故障。

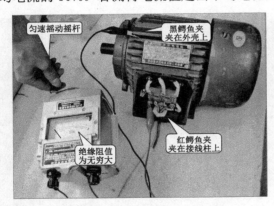

图 10-64　测量线圈与外壳的绝缘阻值　　　　图 10-65　空载电流的检测

项目十一
常用焊接工具的使用操作训练

任务模块 11.1 焊接操作前的准备工作

新知讲解 11.1.1 认识常用的焊接工具和焊接材料

焊接是连接各电子元器件及导线的主要手段。下面我们先认识一下常用的焊接工具和焊接材料。

1. 电烙铁

电烙铁是电子整机装配人员用于各类电子整机产品的手工焊接、补焊、维修及更换元器件的最常用的工具之一。

电烙铁主要分为直热式电烙铁、感应式电烙铁、恒温式电烙铁和吸锡式电烙铁等。

（1）直热式电烙铁

直热式电烙铁又可以分为内热式和外热式电烙铁两种。其中，内热式电烙铁是手工焊接中最常用的焊接工具。

① 内热式电烙铁

内热式电烙铁由烙铁芯、烙铁头、连接杆、手柄、接线柱和电源线等部分组成。

【图文讲解】

如图 11-1 所示，内热式电烙铁的烙铁头安装在烙铁头的里面，因而其热效率高（高达 80%～90%），烙铁头升温比外热式快，通电 2 分钟后即可使用；相同功率时的温度高、体积小、重量轻、耗电低、热效率高。

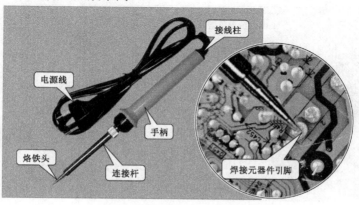

图 11-1 内热式电烙铁

由于该电烙铁烙铁头为圆斜面通用型，适合点焊练习，为一般的无线电初学者使用。一般电子产品电路板装配多选用 35 W 以下功率的电烙铁。

② 外热式电烙铁

外热式电烙铁是由烙铁头、烙铁芯、连接杆、手柄、电源线、插头及紧固螺丝等部分组成，但烙铁头和烙铁芯的结构与内热式电烙铁不同。

【图文讲解】

如图 11-2 所示，外热式电烙铁的烙铁头安装在烙铁芯的里面，即产生热能的烙铁芯在烙铁头外面。

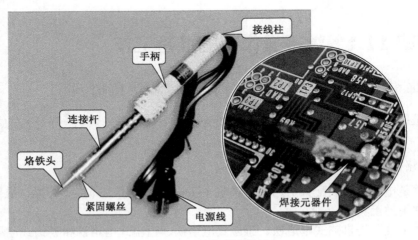

图 11-2　外热式电烙铁

（2）恒温式电烙铁

恒温电烙铁的烙铁头温度可以控制，烙铁头可以始终保持在某一设定的温度。根据控制方式的不同，可分为电控恒温电烙铁和磁控恒温电烙铁两种。

【图文讲解】

恒温式电烙铁的实物外形如图 11-3 所示。恒温电烙铁采用断续加热，耗电省，升温速度快，在焊接过程中焊锡不易氧化，可减少虚焊，提高焊接质量，烙铁头也不会产生过热现象，使用寿命较长。

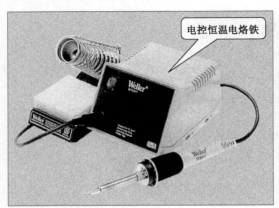 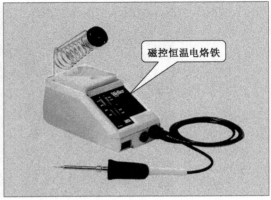

图 11-3　恒温式电烙铁

（3）吸锡式电烙铁

【图文讲解】

吸锡电烙铁的外形如图 11-4 所示。这种电烙铁增添了吸锡装置，主要吸除取下元器件后焊盘上存在的多余焊锡。与普通电烙铁相比，吸锡式电烙铁的烙铁头是空心的。

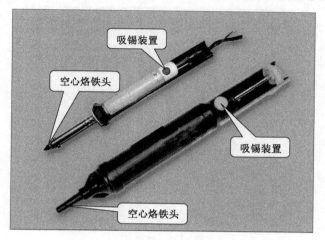

图 11-4　吸锡电烙铁

【提示】

使用吸锡电烙铁时，需先压下吸锡电烙铁的活塞杆，再将加热装置的吸嘴放置到待拆解元件的焊点上。待焊点熔化后，按下吸锡电烙铁上的按钮，活塞杆就会随之弹起，通过吸锡装置，将熔锡吸入吸锡电烙铁内。在需要拆解很小的元器件时，有时也需要电烙铁配合，如图 11-5 所示。

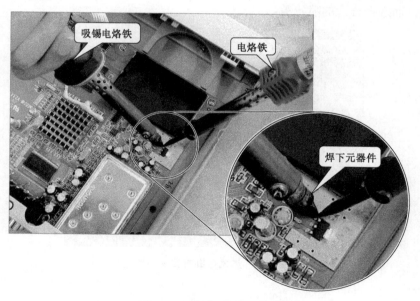

图 11-5　吸锡电烙铁的使用

【资料链接】

根据被焊接产品的要求，还有防静电电烙铁及自动送锡电烙铁等。为适应不同焊接物面的需要，通常烙铁头也有不同的形状，有凿形、锥形、圆面形、圆尖锥形和半圆沟形等，如图 11-6 所示。

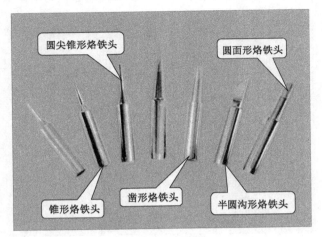

图 11-6　烙铁头

2．热风焊机

随着贴片元器件的发展，电子电路板上的贴片元器件越来越多，对于贴片元器件的焊接通常使用热风焊台更为方便。

【图文讲解】

如图 11-7 所示为热风焊机的实物外形。热风焊机的焊枪嘴可以根据需要焊接的贴片元器件的不同，而选择合适的喷枪嘴。

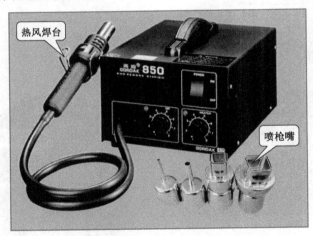

图 11-7　热风焊机的实物外形

3．钳子

【图文讲解】

如图 11-8 所示，钳子根据功能及钳口形状又可分为尖嘴钳、平嘴钳、偏口钳、剥线钳、平头钳等。

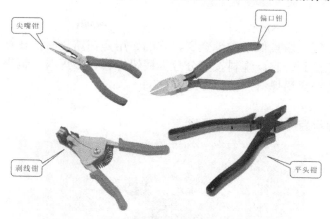

尖嘴钳　偏口钳　剥线钳　平头钳

图 11-8　钳子

4. 镊子

镊子有尖嘴镊子和圆嘴镊子两种，如图 11-9 所示为最常见的尖嘴镊子。它最主要的用途就是夹置导线和元器件，在焊接时防止移动；或用来摄取微小器件；或在装配件上网绕较细的线材。

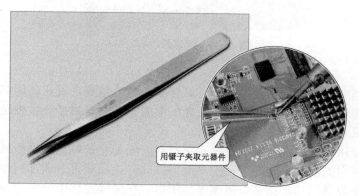

用镊子夹取元器件

图 11-9　常见镊子

【资料链接】

如图 11-10 所示为竹镊子，由于竹子是不容易带静电的物品，因此，采用竹子制成的镊子可以有效地防止在对元器件进行夹取的过程产生静电。

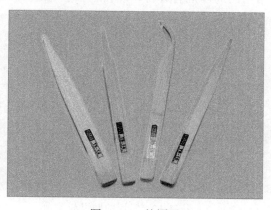

图 11-10　竹镊子

5. 焊接材料

焊料是易熔金属，熔点低于被焊金属，它的作用是在熔化时能在被焊金属表面形成合金而将被焊金属连接到一起。焊料按成分分为锡铅焊料、银焊料、铜焊料等。在一般电子产品装配中主要使用锡铅焊料，俗称焊锡。

【图文讲解】

如图 11-11 所示为焊锡丝的实物外形。

图 11-11　焊锡丝的实物外形

【提示】

金属表面同空气接触后都会生成一层氧化膜，温度越高，氧化越厉害。这层氧化膜在焊接时会阻碍焊锡的浸润，影响焊接点合金的形成。在没有去掉金属表面氧化膜时，即使勉强焊接，也很容易出现虚焊、假焊现象。

助焊剂就是用于清除氧化膜的一种专用材料，能去除被焊金属表面氧化物与杂质，增强焊料与金属表面的活性，提高焊料浸润能力。此外，还能有效地抑制焊料和被焊金属继续被氧化，促使焊料流动，提高焊接速度。所以，在焊接过程中一定要使用助焊剂，它是保证焊接顺利进行、获得良好导电性、具有足够机械强度和清洁美观的高质量焊点必不可少的辅助材料。

【图文讲解】

如图 11-12 所示，常用的助焊剂有焊膏、焊粉、松香等。

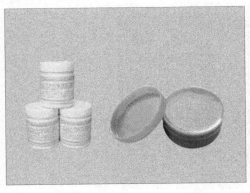

图 11-12　常用的助焊剂

新知讲解 11.1.2　元器件焊接前的加工处理

　　常用电子元器件在焊装之前需要对其进行一系列的预加工操作，以达到电子元器件的安装焊接要求。

　　电子元器件引脚是焊接的关键部分，具备一定的可焊性技术要求，但元器件在生产、运输、存储等各个环节中，其引脚接触空气表面易产生氧化膜，使引脚的可焊性严重下降，因此，在对元器件进行安装焊接之前，要对元器件的引脚进行清洁处理，然而助焊剂会破坏引脚金属表面的氧化层，继而需要对元器件的引脚进行镀锡操作，以防止焊接后电子元器件的引脚被氧化造成虚焊。

1．电子元器件引脚的加工处理

（1）引脚的校直

【图文讲解】

　　如图 11-13 所示，手工操作时，可以使用尖嘴钳将元器件的引脚沿原始角度拉直，不能出现凹凸块，轴向元器件的引脚一般保持在轴心线上，或是与轴心线保持平行。

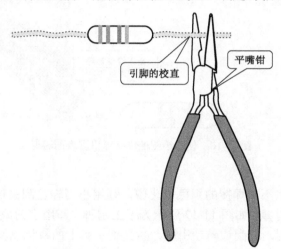

图 11-13　元器件引脚的校直

（2）引脚表面清洁

【图文讲解】

　　引脚表面的污垢可以使用酒精或丙酮擦洗，如图 11-14 所示，使用棉签蘸取酒精后擦洗引脚表面。

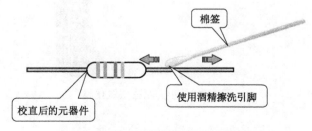

图 11-14　使用酒精擦洗元器件引脚污垢

【图文讲解】

严重的腐蚀性污点只有用刀刮或用砂纸打磨等机械或手动操作去除，如图 11-15 所示。

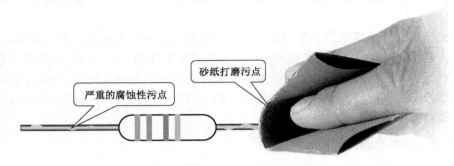

图 11-15　使用砂纸打磨去除元器件引脚污垢

【图文讲解】

镀金引脚可以使用绘图橡皮擦除引脚表面的污物，如图 11-16 所示。

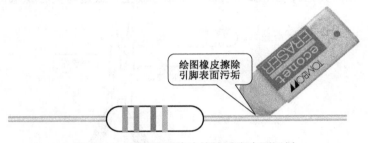

图 11-16　使用绘图橡皮擦除引脚表面污垢

【图文讲解】

镀银引脚容易产生不可焊接的黑色氧化膜，须用小刀轻轻刮去镀银层，刮脚可采用手工刮脚或自动刮净机刮脚。如图 11-17 所示为手工刮脚，即用小刀或断锯条等带刃的工具，沿着引脚从中间向外刮，边刮边转动引脚，直到把引脚上的氧化物彻底刮净为止。

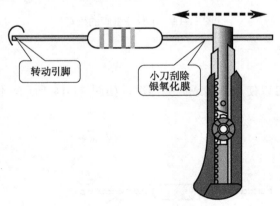

图 11-17　小刀刮去银氧化膜

（3）引脚浸蘸助焊剂

为了保证元器件在焊接时可以与焊锡良好地焊接，在对引脚进行镀锡之前，电子元器件的引脚需要浸蘸助焊剂。当焊点焊接完毕后，助焊剂浮在焊料表面，形成隔离层，防止了焊接面的氧化。

2. 电子元器件引脚的镀锡或烫锡

电子元器件的镀锡，实际上就是液态焊锡对被焊金属表面浸润，形成一层既不同于被焊金属，又不同于焊锡的结合层。由这个结合层将焊锡与待焊金属这两种性能、成分都不相同的材料牢固连接起来。为了提高焊接的质量和速度，最好在电子元器件的待焊面镀上焊锡，这是焊接前一道十分重要的工序，尤其是对于一些可焊性差的元器件，镀锡更是至关紧要的。

在对一小部分的电子元器件，可以使用锡锅进行镀锡。锡锅的作用是保持焊锡的液态，但是温度不能过高，否则锡的表面将很快被氧化。将元器件的适当长度的引脚插入熔融的锡铅合金中，待润湿后取出即可。

（1）电阻器、电容器的引脚镀锡

【图文讲解】

在对电阻器、电容器的引脚进行镀锡时，电阻器、电容器的引脚经清洁后，将电阻器、电容器的引脚插入熔融锡铅中，如图 11-18 所示，元器件外壳距离液面保持 3 mm 以上，浸涂时间为 2～3 s。

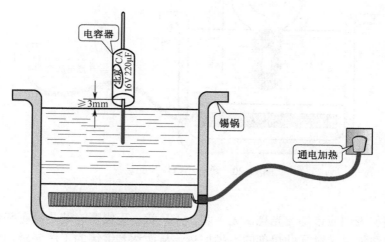

图 11-18　电阻器、电容器的引脚镀锡

（2）半导体器件的引脚镀锡

【图文讲解】

由于半导体器件对热度比较敏感，引脚插入熔融锡铅中，其器件外壳距离液面应保持 5 mm 以上，浸涂时间为 1～2 s，如图 11-19 所示。时间过长，大量热量传到器件内部，易造成器件变质、损坏，通常可以利用酒精将引脚上的余热散去。

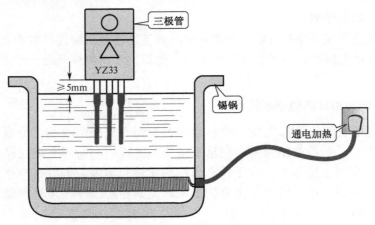

图 11-19　半导体器件的引脚镀锡

（3）带孔小型焊片的引脚镀锡

【图文讲解】

有孔的小型焊片主要用于导线插头的连接，在对小型焊片进行镀锡时，浸锡要没过孔 2～5 mm，保持小孔畅通无堵，便于芯线在焊片小孔上网绕，如图 11-20 所示。

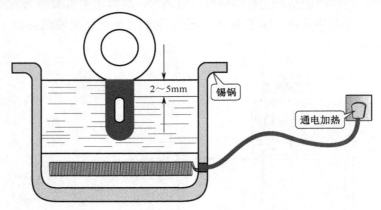

图 11-20　带孔小型焊片的镀锡

【提示】

良好的镀层表面应该均匀光亮，无毛刺、无孔状、无锡瘤。若是没有锡锅镀锡，也可以用蘸锡的电烙铁沿着蘸了助焊剂的引脚加热，从而达到镀锡的工序要求。中等规模的生产可以使用搪锡机镀锡，或是使用化学方法去除氧化膜。大规模生产中，从元器件清洗到镀锡，都由自动化生产线完成。

目前，很多元器件引脚经过特殊处理，在一定的期限范围内可以保持良好的可焊性，完全可免去镀锡的工序。

3. 常用电子元器件引脚成型

电子产品中应用了大量不同种类、不同功能的电子元器件，它们在外形上也有很大的区别，引脚也多种多样。不同元器件在安插到印制板之前，需要对安插的引脚进行必要的加工处理。元器件的引脚要根据焊盘插孔的设计需求做成需要的形状，引脚折弯成型要符合后期的安插需求，使它能迅速而准确地插入印制板的插孔内。

（1）自动插装前电子元器件的引脚成型

【图文讲解】

自动插装电子元器件主要是由自动插件机完成的。电子元器件的送入、引脚成型和插入印制板都是由机械设备自动完成的。为了使元器件插入印制板并能良好地进行定位，元器件的引脚弯曲形状和两脚间的距离必须一致并且保证足够的精度，具体的形状如图 11-21 所示。

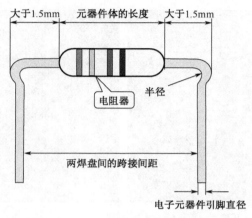

图 11-21　自动插装前引脚成型的标准

【资料链接】

即使采用机械对引脚进行加工，也需要具备一定的要求，具体内容如下。

① 引脚折弯处距离外壳根部至少要有 1.5 mm；

② 引脚弯曲半径大于等于引脚直径的两倍，立式安装时，弯曲半径应大于元器件外壳的半径；

③ 引脚成型后引脚之间的距离必须等于印制板上两焊盘之间的距离；

④ 引脚弯折后，引脚应保持平行；

⑤ 元器件的标称值字符或色环朝左侧或右侧，便于后期的识别；

⑥ 引脚成型后不允许有机械损伤。

常见电子元器件在进行自动插装之前的成型如图 11-22 所示。

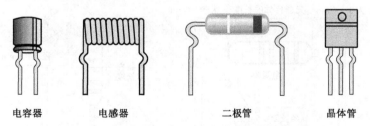

电容器　　　　电感器　　　　　　二极管　　　　　晶体管

图 11-22　自动插装前常见电子元器件引脚的成型

（2）手动插装前电子元器件的引脚成型

在对电子元器件进行手动插装之前，通常预先要将其引脚固定成型或切断。此时，引脚若被加以过高的应力，器件就会受到机械损伤，并严重影响其可靠性。例如，器件管座与引脚之间相对受到强拉力的作用,可能会造成器件内引脚与键合点之间的断线,或者封装根部产生裂纹导致密封性下降。

在引脚成型时,应注意以下要点。

【图文讲解】

① 弯曲或切断引脚时,应使用专门的器具固定弯曲处和器件管座之间的引脚,不要拿着元器件弯曲,如图 11-23 所示。使用模具大量成型时,要注意所设计的固定引脚的夹具不应对器件本身施加应力,而且,夹具与引脚的接触面应平滑,以免损伤引脚镀层。

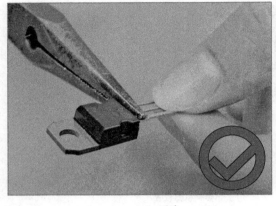 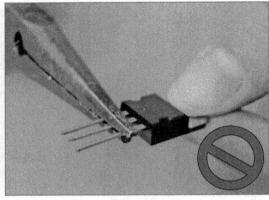

（a）正确　　　　　　　　　　　　　　　　　（b）不正确

图 11-23　引脚弯曲方法

② 弯曲引脚时,弯曲的角度不要超过最终成型的弯曲角度。不要反复弯曲引脚,并且不要在引脚较厚的方向弯曲引脚,如对扁平形状的引脚不能进行横向弯折。

③ 不要沿引脚轴向施加过大的拉伸应力。有关标准规定,沿引脚引出方向无冲击地施加 0.227 kg 的拉力,至少保持 30 s,不应产生任何缺陷。实际安装操作时,所加应力不能超过这个限度。

④ 弯曲夹具接触引脚的部分应为半径大于 0.5 mm 的圆角,以避免使用它弯曲引脚时损坏引脚的镀层。

轴向双向引出线的元器件通常可以采用卧式跨接和立式跨接两种方式。以电阻器为例,具体的标准如图 11-24 所示。

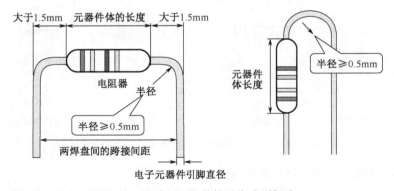

图 11-24　手工插装前的引脚成型标准

【资料链接】

遇到一些对温度十分敏感的元器件引脚的形状可以适当增加一个绕环，以电阻器为例，如图 11-25 所示，这样的线型还可以防止壳体引脚根部受力开裂。

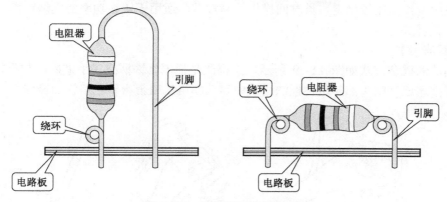

图 11-25　带有绕环的引脚形状

为保证引脚成型的质量和一致性，应使用专用工具和成型模具。在一些大批量自动化程度高的工厂，成型工序是在流水线上自动完成的。在没有专用工具或加工少量元器件时，可采用手工成型，通常情况下，使用尖嘴钳或镊子等工具实现元器件引脚的弯曲成型，以电阻器为例，如图 11-26 所示。

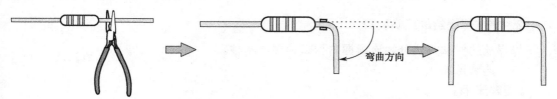

图 11-26　元器件的引脚手工成型

任务模块 11.2　焊接工具的操作训练

技能演示 11.2.1　电烙铁的操作训练

手工烙铁焊接是利用烙铁加热被焊金属件和锡铅等焊料，被熔化的焊料润湿已加热的金属表面使其形成合金，焊料凝固后使被焊金属件连接起来的一种焊接工艺，简称锡焊。

1. 握拿电烙铁的正确姿势

正确握拿电烙铁是进行锡焊操作的第一步。通常，握拿电烙铁有三种方式，分别是握笔式、反握式和正握式三种。

（1）握笔式

【图解演示】

握笔法的握拿方式如图 11-27 所示，这种姿势比较容易掌握，但长时间操作比较容易疲劳，烙铁容易抖动，影响焊接效果，一般适用于小功率烙铁和热容量小的被焊件。

（2）反握式

【图解演示】

反握法的握拿方式如图 11-28 所示，反握法把电烙铁柄置于手掌内，烙铁头在小指侧，这种握法的特点是比较稳定，长时间操作不易疲劳，适用于较大功率的电烙铁。

（3）正握式

【图解演示】

正握法的握拿方式如图 11-29 所示，正握法是把电烙铁柄握在手掌内，与反握法不同的是其拇指靠近烙铁头部，这种握法适于中等功率烙铁或带弯砂电烙铁的操作。

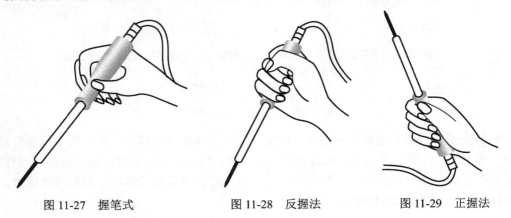

图 11-27　握笔式　　　　　　图 11-28　反握法　　　　　　图 11-29　正握法

2．握拿焊锡丝的正确姿势

焊锡丝的握拿方式分为连续握拿和断续握拿两种。

（1）连续握拿式

【图解演示】

连续握拿的方式如图 11-30 所示，将大拇指和食指拿住焊锡丝，其余三指将焊锡丝握于手心，利用五指相互配合将焊锡丝连续向前送到焊点。这种方法适用于成卷（或筒）焊锡丝的焊接。

（2）断续握拿式

【图解演示】

断续握拿的方式如图 11-31 所示，将焊锡丝置于虎口间，用大拇指、食指和中指夹住。这用方法适用于小段焊锡丝的手工焊接。

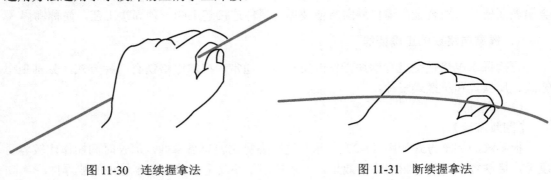

图 11-30　连续握拿法　　　　　　　　　图 11-31　断续握拿法

【提示】

焊剂加热挥发出的化学物质对人体是有害的，操作者头部和电烙铁的距离应保持在 30 cm 以上，若需要长时间地进行锡焊一定要准备好保护措施。焊锡丝在焊接时需要加热且焊锡丝具有热导性，因此在握拿焊锡丝时要注意手不要太靠近焊锡丝的加热部分，以免烫伤。

3．锡焊操作训练

（1）准备施焊

【图解演示】

准备施焊。将被焊件、焊锡丝和电烙铁等工具准备好，并且保证烙铁头清洁，并通电加热。左手拿焊锡丝，右手握经过预上锡的电烙铁，如图 11-32 所示。

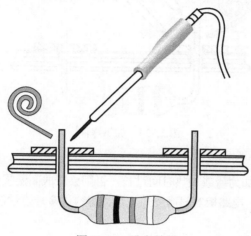

图 11-32　准备施焊

【提示】

焊接时烙铁头长期处于高温状态并长期接出助焊剂等物质，其表面很容易氧化而形成一层黑色杂质，形成隔热效应，使烙铁头失去加热作用。因此在使用后要将烙铁头用一块湿布或湿海棉擦拭干净，预防烙铁头受到污染，影响电烙铁的使用，如图 11-33 所示。

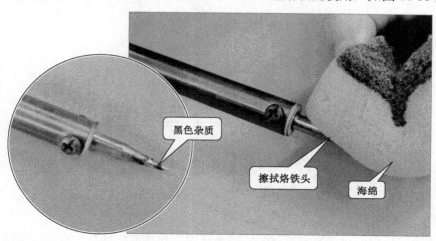

黑色杂质

擦拭烙铁头

海绵

图 11-33　擦拭烙铁头

（2）加热焊件

【图解演示】

加热焊件。将烙铁头接触焊接点，使焊接部位均匀受热，且元器件的引脚和印制板上的焊盘都需要均匀受热，如图 11-34 所示。

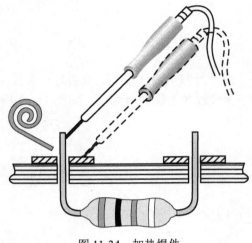

图 11-34　加热焊件

【提示】

烙铁头对焊点不要施加力量或加热时间过长，否则会造成高温损伤元器件，高温使焊点表面的焊剂挥发严重，塑料、电路板等材质受热变形，焊料过多焊点性能变质等不良的后果。

（3）熔化焊料

【图解演示】

焊点温度达到要求后，将焊丝置于焊点部位，即被焊件上烙铁头对称的一侧，而不是直接加在烙铁头上，焊料开始熔化并润湿焊点，如图 11-35 所示。

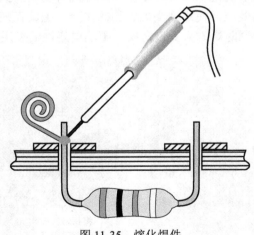

图 11-35　熔化焊件

【提示】

烙铁头温度比焊料熔化温度高 50 ℃较为适宜。加热温度过高，也会造成因为焊剂没有足够的时间在被焊面上漫流而过早挥发失效；焊料熔化速度过快影响焊剂作用的发挥等不良后果。

（4）移开焊锡丝

【图解演示】

当熔化的焊锡丝达到一定量后应将焊丝移开，熔化的焊锡不能过多也不能过少，如图11-36所示。

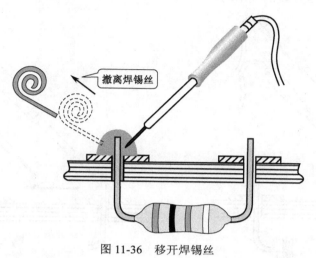

图 11-36　移开焊锡丝

【提示】

焊锡量要合适，过量的焊锡不但造成成本浪费，而且增加了焊接时间，降低了工作速度，还容易造成电路板或元器件的短路。焊锡过少不能形成牢固的结合，降低焊点强度，造成导线脱落等不良后果。

（5）撤离电烙铁

【图解演示】

当焊锡完全润湿焊点，扩散范围达到要求后，撤离电烙铁。移开烙铁的方向应该与电路板大致呈45°的方向，撤离速度不能太慢。正确撤离电烙铁的方法如图11-37所示。此时焊点圆滑、饱满，烙铁头不会带走太多的焊料。

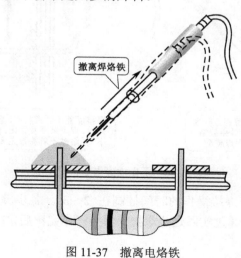

图 11-37　撤离电烙铁

219

【提示】

烙铁要及时撤离，而且撤离时的角度和方向对焊点形成一定的关系，不良撤离电烙铁会对焊接的效果造成不良的后果，影响焊接质量，如图 11-38 所示为常见的不良撤离电烙铁的实例。要达到焊点圆滑美观，需要不断摸索训练，特别是在把握烙铁的手感和动作的协调上下工夫。这是焊接的基本功。

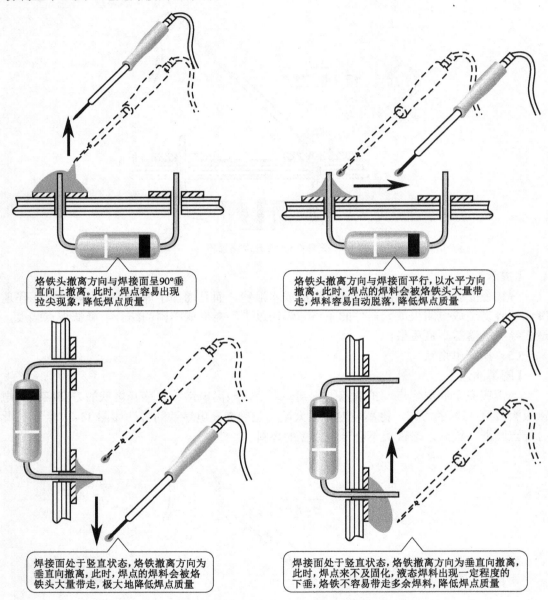

烙铁头撤离方向与焊接面呈90°垂直向上撤离。此时，焊点容易出现拉尖现象，降低焊点质量

烙铁头撤离方向与焊接面平行，以水平方向撤离。此时，焊点的焊料会被烙铁头大量带走，焊料容易自动脱落，降低焊点质量

焊接面处于竖直状态，烙铁撤离方向为垂直向撤离，此时，焊点的焊料会被烙铁头大量带走，极大地降低焊点质量

焊接面处于竖直状态，烙铁撤离方向为垂直向撤离，此时，焊点来不及固化，液态焊料出现一定程度的下垂，烙铁不容易带走多余焊料，降低焊点质量

图 11-38　不良撤离电烙铁的实例

对于一般焊点，整个焊接操作的时间控制在 2~3s。各步骤之间停留的时间，对保证焊接质量至关重要，需要通过实践逐步掌握。焊接操作完毕后，在焊料尚未完全凝固之前，不能改变被焊件的位置。

技能演示 11.2.2　热风焊机的操作训练

通常，在焊接贴片式元器件或集成电路时，我们常使用热风焊机来完成焊接操作。

1．使用热风焊机前的准备

（1）选择喷嘴

【图解演示】

在使用热风焊机前，首先要确保热风焊机放置环境的干净整洁，不可有任何易燃易爆的物品，保证工作环境的通风良好，应先根据待焊接的器件，选择合适的喷嘴，如图 11-39 所示。

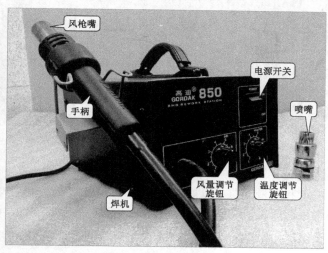

图 11-39　根据待焊接器件选择合适的喷嘴

（2）安装喷嘴

【图解演示】

选择好喷嘴后，按图 11-40 所示将喷嘴安装在风枪嘴上。

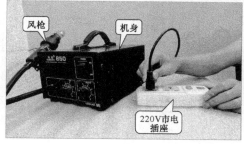
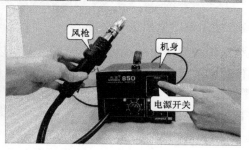

图 11-40　做好焊接的准备

（3）开机预热

【图解演示】

喷嘴安装完毕，将热风焊机的电源插头插到插座中，用手拿起热风焊枪，然后打开电源开关，如图 11-41 所示。机器启动后，注意不要将焊枪的枪嘴靠近人体或可燃物。

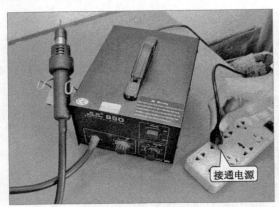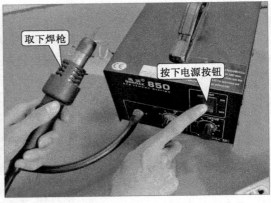

图 11-41　通电开机

【提示】

温度和风量调整好以后，只要等待几秒钟，风枪就可以达到指定温度。等待的过程中，不要用手靠近风枪嘴来感觉温度高低，以防将手部烫伤，如图 11-42 所示。

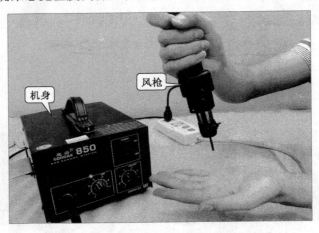

图 11-42　焊接风枪待温过程中的注意事项

2. 使用热风焊机进行焊接

热风焊机焊接前的准备工作完成后就可以进行具体的焊接了，在使用热风焊机进行焊接操作时，一般可按以下操作进行。

【图解演示】

首先根据焊接元件的类型，调节热风焊机的风量和温度。具体操作如图 11-43 所示。

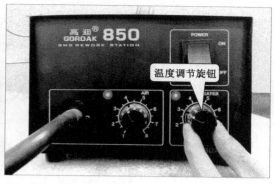

图 11-43　根据焊接元件的类型，调节热风焊机的风量和温度

【图解演示】

热风焊机的风量和温度调整好后，打开电源开关，待风枪嘴达到拆焊温度后，便可将风枪嘴直接对准待焊（拆焊）元器件，并来回移动风枪嘴完成焊接或拆焊操作。使用热风焊机完成焊接的操作示意如图 11-44 所示。

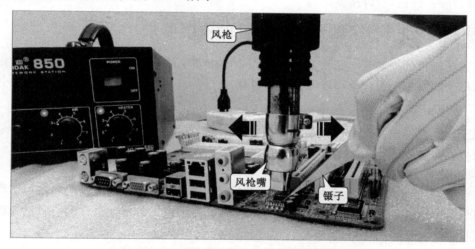

图 11-44　使用热风焊机完成焊接的操作示意

【提示】

在焊接过程中，要时刻确保风枪嘴与焊接元件之间的安全距离，风枪嘴不可离元器件过近，也不可使风枪嘴长时间地停留在元器件表面，否则易造成元器件被烧损。

 元器件的安装焊接技能训练

任务模块 12.1　电子元器件安装与焊接的工艺要求

电子元器件根据大小、数量的不同其安装方式也有所不同，根据要求将相应的电子元器件安装完成后，则需要根据相关的工艺要求对其进行焊接固定操作，下面具体介绍一下电子元器件的安装以及焊接要求。

新知讲解 12.1.1　了解电子元器件的安装要求

电子元器件的安装是电子产品生产过程中的重要工序，在安装电子元器件的过程中，应根据相关的要求以及注意事项对其进行操作。

1. 清洁引脚

电子元器件在安装前，应先将引脚擦除干净，如果元器件引脚表面有氧化层，最好可以选用细砂布擦光。

【图文讲解】

如图 12-1 所示为电子元器件引脚清洁的操作示意图。使用蘸有酒精的软布对引脚进行擦拭可以去除引脚表面的氧化层，以便在焊接时容易上锡。若是元器件的引脚已有镀层，可以根据使用情况不再进行清洁。

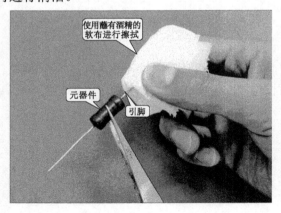

图 12-1　清洁引脚

2. 固定元器件的机械器件

在插装元器件前，应先插装那些需要机械固定的元器件，如功率器件的散热片、支架、卡子等，然后再插装需要固定的元器件，在安装电子元器件时，不可以用手直接碰元器件引脚或印制板上的铜箔。

3．按次序安装电子元器件

接下来在安装电子元器件时，应按一定的次序进行安装，先安装较小功率的卧式电子元器件，然后再安装立式元器件以及大功率的卧式元器件；将这些元器件安装完成后，再安装可变元器件和易损坏的元器件，最后再安装带散热器的元器件和特殊元器件，即按照先轻后重、先里后外、先低后高的原则进行安装。

【提示】

除此之外，在对电子元器件进行安装时，应做到整齐、美观、稳固的原则，应插装到位，不可以有明显的倾斜和变形现象，同时各元器件之间应留有一定的距离，方便焊接和有利于散热，如图 12-2 所示，通常情况下，元器件外壳之间的距离小于 0.5 mm；引线焊盘间隔要大于 2 mm。

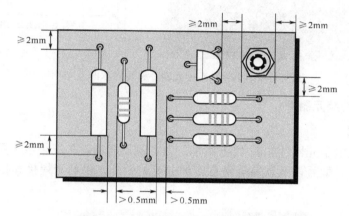

图 12-2　电子元器件安装的合理距离

4．正确安装元器件

【图文讲解】

如图 12-3 所示，安装电子元器件时，还应检查元器件是否安装得正确、是否有损伤；其极性是否与线路板上的丝印进行安装，不可以插反或是插错。若是空间位置有限制，应尽量将电子元器件放在丝印范围内。

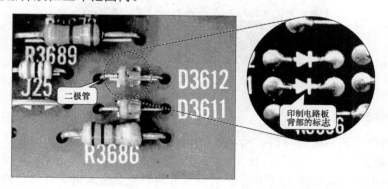

图 12-3　正确安装元器件

5．对元器件引脚进行加工

【图文讲解】

电子元器件引脚的弯曲如图 12-4 所示，在电子元器件安装的过程中，若需要对电子元器件的引线部分进行操作时，应注意不可以直接在根部进行弯曲，由于制造工艺上的原因，根部很容易折断，一般应留有 1.5 mm 的距离，而且弯曲时的圆角半径 R 要大于引脚直径的两倍，并且弯曲后的两根引脚要与元器件自身垂直才可以。

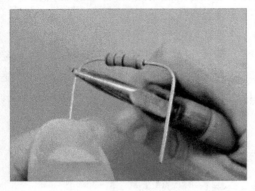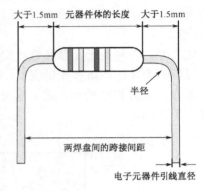

图 12-4　电子元器件引脚的弯曲

6．按标志安装元器件

【图文讲解】

按标志安装电子元器件如图 12-5 所示。为了易于辨认，在安装电子元器件时，各种电子元器件的标注、型号以及数值等信息应朝上或是朝外，以利于焊接和检修时查看元器件的型号数据。

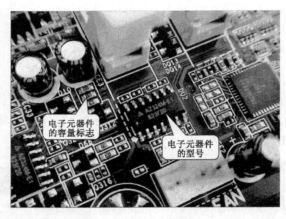

图 12-5　根据标志安装电子元器件

7．元器件的安装方式

根据元器件安装环境的限制，元器件可以采用立式安装或是卧式安装。

【图文讲解】

元器件的安装方式如图 12-6 所示。对元器件进行立式安装时，要与电路板垂直；进行卧式安装时，要与电路板平行或贴服在电路板上。

若是对于工作频率不太多的元器件，这两种安装方式均可采用；对于工作频率较高的元器件最好是采用卧式安装，这样可以使引线尽可能短一些，以防止产生高频寄生电容影响电路。

图 12-6　元器件的安装方式

【提示】

值得注意的是，进行元器件安装时，若要保留较长的元器件引线，则必须在引线上套绝缘套管，以防止元器件引脚相碰而短路。

新知讲解 12.1.2　了解手工焊接的特点及要求

手工焊接是利用电烙铁加热被焊金属件和锡铅等焊料，将被熔化的焊料润湿已加热的金属表面使其形成合金，焊料凝固后使被焊金属连接起来，该焊接工艺也被称为锡焊。该类焊接具有设备简单、操作灵活、适用面广等特点，但生产效率较低。

由于手工焊接时，焊接工具的工作温度很高，并且所使用的助焊剂挥发的气体对人是有害的，因此焊接操作姿势的正确与否非常重要。

【图文讲解】

如图 12-7 所示为手工焊接操作时的正确姿势。操作人员的头部与电烙铁应保持在 30 cm 以上，环境保持通风。右手握住电烙铁，可采用握笔法、反握法和正握法三种形式。其中：握笔法是最常见的姿势；反握法动作稳定，适于操作大功率电烙铁；正握法适于操作中等功率电烙铁。

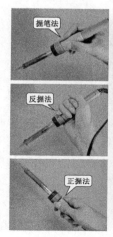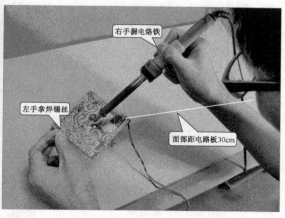

图 12-7　手工焊接时的正确姿势

新知讲解 12.1.3 了解自动化焊接的特点及要求

自动化焊接是使用计算机控制机械设备进行焊接的一种工艺，是电子产品生产线上最为主要的元器件焊接方法，该焊接方法具有误差小、效率高的特点。根据使用设备的不同，主要可以分为浸焊、波峰焊、再流焊以及电子束焊等。

1. 浸焊

浸焊是将插装好元器件的印制电路板浸入浸焊机内，并一次完成印制电路板众多焊点的焊接方法，浸焊大大提高了焊接的工作效率，而且可以消除漏焊现象。其不需连接的部分可以通过在印制电路板上涂抹阻焊剂来实现，其实物外形如图 12-8 所示。

图 12-8 浸焊机的实物外形

2. 波峰焊

波峰焊是指将熔化的软钎焊料（铅锡合金），经电动泵或电磁泵喷流成设计要求的焊料波峰，也可通过向焊料池注入氮气来形成，使预先装有元器件的印制板通过焊料波峰，实现元器件焊点或引脚与印制板焊盘之间机械与电气连接的软钎焊，如图 12-9 所示为波峰焊机的实物外形。

图 12-9 波峰焊机的实物外形

波峰焊机的主要结构是一个温度能自动控制的熔锡缸，缸内装有机械泵和具有特殊结构的喷嘴。机械泵能根据焊接要求，连续不断地从喷嘴压出液态锡波，当印制板由传送机构以一定速度进入时，焊锡以波峰的形式不断地溢出至印制板面进行焊接。波峰焊分为单波峰焊、双波峰焊、多波峰焊、宽波峰焊等。如图 12-10 所示为单波峰焊的原理示意图。

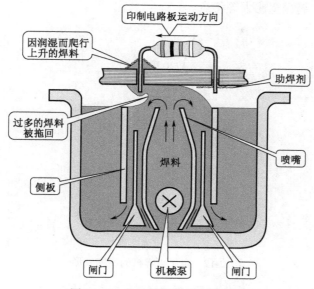

图 12-10　单波峰焊的原理示意图

3．再流焊

再流焊也叫回流焊，是伴随微型化电子产品的出现而发展起来的焊接技术，主要应用于各类表面贴装元器件的焊接，再流焊机的外形如图 12-11 所示。它通过重新熔化预先分配到印制板上的焊膏，实现表面组装元器件的焊接或引脚与印制板焊盘之间的机械与电气连接的一种焊接方式。这种焊接技术的焊料是焊锡膏，焊锡膏经过干燥、预热、熔化、润湿、冷却后，将元器件焊接到印制板上。相比之下，再流焊的技术优势是焊接时，元器件受到的热冲击小，高温受损的机会小，可以很好地控制焊料的施加量。

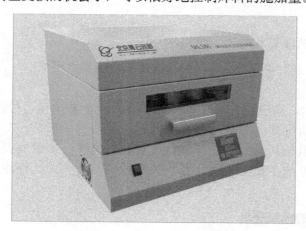

图 12-11　再流焊机的实物外形

4．电子束焊

电子束焊接也是近几年来发展的新颖、高能量密度的熔焊工艺。它具有不用焊条、不易氧化、工艺重复性好及热变形量小等优点，被广泛应用于航空航天、原子能、国防及军工、汽车和电气电工仪表等众多行业，电子束焊机的实物外形如图 12-12 所示。该类焊接具有超精密焊接、焊缝深宽比大等特点。

图 12-12　电子束焊机的实物外形

任务模块 12.2　掌握常用电子元器件的安装与焊接方法

不同结构类型的元器件其焊装方法也不同，具有较长引脚的分立元器件与具有多引脚集成电路的焊接方法和焊接要求也不同。还有一些特殊结构和外形的元器件，其焊装方法也不相同。

新知讲解 12.2.1　分立元器件的安装要求

分立元器件按照其安装工序的不同，应先进行插装操作，插装完成后再对其进行焊接操作。

1. 分立元器件的插装方式

分立元器件在安装时可以分为手工插装和机械自动插装两种。

【图文讲解】

如图 12-13 所示，其中，手工插装的方法较为简单易操作，对设备的要求也较低，只需要将元器件的引脚插入对应的插孔中即可，主要用于插装一些机器无法进行操作的元器件的插装；机械自动插装的方法效率较高，但有一定的局限性，都是自动配套的流水线作业，该方法主要是采用计算机进行控制，通过人工指令的输入控制元器件插装操作流程。

2. 分立元器件的插装要求

【图文讲解】

如图 12-14 所示，分立元器件的安装高度应符合规定要求，同一规格的元器件应尽量安装在同一高度上。

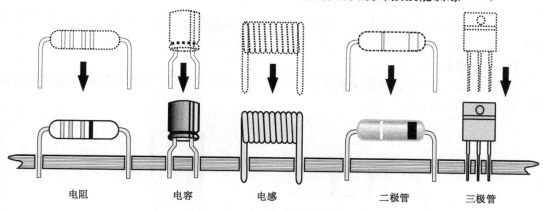

| 电阻 | 电容 | 电感 | 二极管 | 三极管 |

（a）手工插装示意图

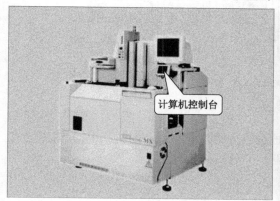

计算机控制台

自动插装元器件

（b）机械自动插装

图 12-13　分立元器件的安装

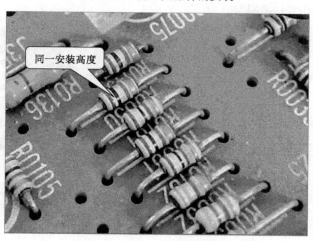

同一安装高度

图 12-14　插装高度示意图

　　分立元件的插装顺序一般为先低后高，先轻后重，先易后难，先一般元器件后特殊元器件。

元器件外壳与引脚不得相碰，要保证 1 mm 左右的安全间隙，无法避免时，应套绝缘套管。

【图文讲解】

如图 12-15 所示为正确的引脚插装示意图。元器件的引脚直径与印制板焊盘孔径应有 0.2～0.4 mm 的合理间隙。

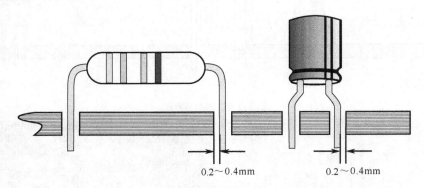

0.2～0.4mm   0.2～0.4mm

图 12-15　插装引脚位置

3．分立元器件的插装座方法

分立元器件在进行插装时，各种元器件的插装方式差异不大，但是，根据其插装的位置不同，其插装方法也有所差别，以下是元器件的各种插装方法。

（1）贴板插装

【图文讲解】

贴板安装就是将元器件贴紧印制板面插装，插装间隙在 1 mm 左右，如图 12-16 所示。贴板插装稳定性好，插装简单，但不利于散热，不适合高发热元器件的插装。双面焊接的电路板尽量不要采用该方式插装。

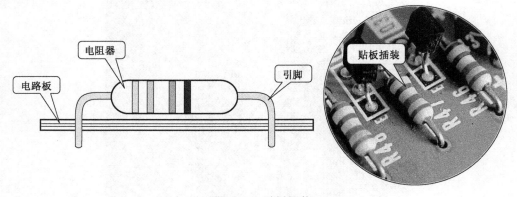

电阻器

电路板

引脚

贴板插装

图 12-16　贴板插装

【提示】

值得注意的是，如果元器件为金属外壳，插装面又有印制导线，为了避免短路，元器件壳体应加垫绝缘衬垫或套绝缘套管，如图 12-17 所示。

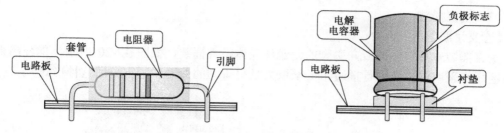

图 12-17 壳体加绝缘套管

（2）悬空插装

【图文讲解】

悬空插装就是将元器件壳体距离印制板面有一定距离插装，插装间隙为 3～8 mm，如图 12-18 所示，发热元器件、怕热元器件一般都采用悬空插装方式。

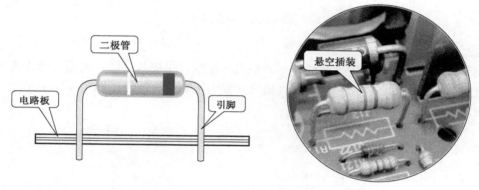

图 12-18 悬空插装

【提示】

怕热元器件为了防止引脚焊接时，大量的热量被传递，可以在引脚上套上套管，阻隔热量的传导，如图 12-19 所示。

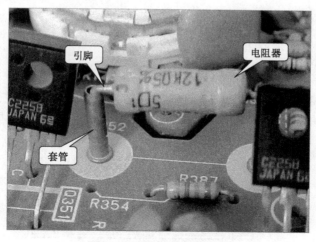

图 12-19 引脚套套管插装

（3）垂直插装

【图文讲解】

垂直插装就是将轴向双向引脚的元器件壳体竖直插装，如图 12-20 所示，部分高密度插装区域都采用该方法进行插装，但重量大且引脚细的元器件不宜采用这种形式。

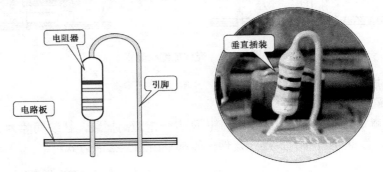

图 12-20　垂直插装

【提示】

垂直插装时，短引脚的一端壳体十分接近电路板，引脚焊接时，大量的热量被传递，为了避免高温损坏元器件，可以采用衬垫或套管阻隔热量的传导，如图 12-21 所示。这样的措施还可以防止元器件发生倾斜。

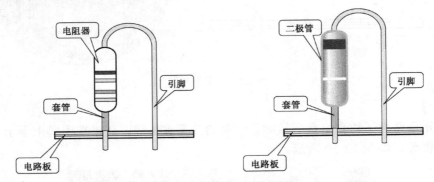

图 12-21　垂直引脚加套管插装

（4）嵌入式插装

【图文讲解】

嵌入式插装俗称埋头插装，就是将元器件部分壳体埋入印制电路板嵌入孔内，如图 12-22 所示，一些需要防震保护的元器件可以采用该方式，以增强元器件的抗震性，降低插装高度。

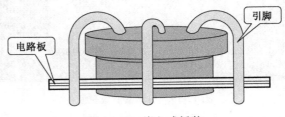

图 12-22　嵌入式插装

（5）支架固定插装

【图文讲解】

支架固定安装就是用支架将元器件固定在印制电路板上，如图 12-23 所示。一些小型继电器、变压器、扼流圈等重量较大的元器件采用该方式安装，可以增强元器件在电路板上的牢固性。

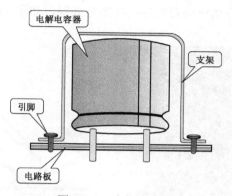

图 12-23　支架式插装

（6）弯折插装

【图文讲解】

弯折插装就是插装高度有特殊限制时，可以将元器件引脚垂直插入电路板插孔后，壳体再朝水平方向弯曲，可以适当降低插装高度，如图 12-24 所示。

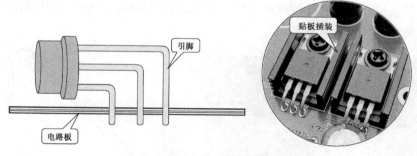

图 12-24　弯折插装

【提示】

为了防止部分重量较大的元器件歪斜、引脚受力过大而折断，弯折后应采取绑扎、粘固等措施，以增强元器件的稳固性，如图 12-25 所示。

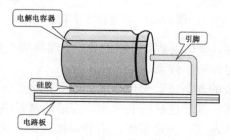

图 12-25　粘固插装

235

技能演示 12.2.2　分立元器件的焊接训练

1. 电阻器的焊接训练

【图解演示】

　　分立元器件的焊接是整个电子产品生产过程中最为核心的一个操作环节，在对其进行焊接时，应先将电烙铁进行加热并对焊件进行加热处理，如图 12-26 所示。

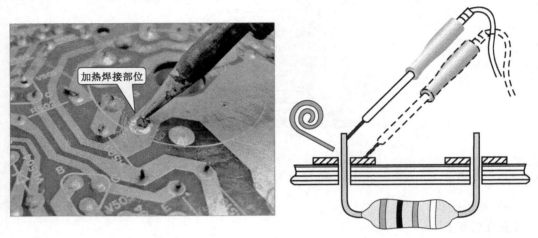

图 12-26　使用电烙铁加热焊件

　　待电烙铁加热完成后，接下来，则需要对焊料进行熔化，如图 12-27 所示。将焊接点加热到一定温度后，用焊锡丝触到焊接处，熔化适量的焊料，焊锡丝应从烙铁头的对称侧加入，而不是直接加在烙铁头上。

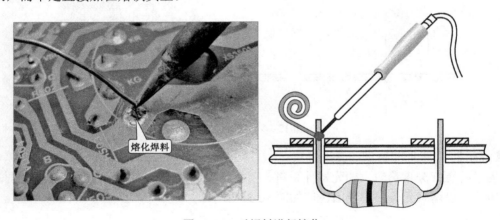

图 12-27　对焊料进行熔化

　　当焊点温度达到要求后，电烙铁沾取少量助焊剂，将焊锡丝置于焊点部位，如图 12-28 所示，电烙铁将焊锡丝熔化并润湿焊点。

　　移开烙铁。当焊接点上的焊料流散接近饱满，助焊剂尚未完全挥发，也就是焊接点上的温度最适当、焊锡最光亮、流动性最强的时刻，应迅速拿开烙铁头，如图 12-29 所示。移开烙铁头的时间、方向和速度，决定着焊接点的焊接质量。正确的方法是先慢后快，烙铁头沿 45° 角方向移动，并在将要离开焊接点时快速往回一带，然后迅速离开焊接点。

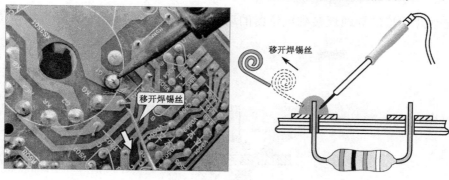

图 12-28　移开焊锡丝

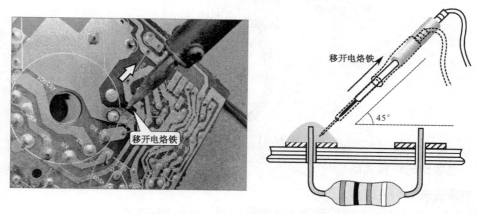

图 12-29　完成分立元器件的焊接

【提示】

在进行上述的焊接过程中，还应注意电烙铁头部的温度不要超过 300 ℃，一般选用小型圆锥烙铁头。

2．电位器的焊接训练

【图解演示】

焊接电位器时，需要根据电路的设置，将电路导线焊接到电位器的定片上，如图 12-30 所示。

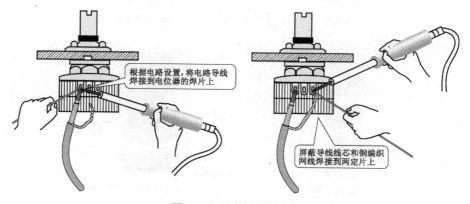

图 12-30　焊接屏蔽导线

237

将与动片连接的导线焊接到电位器的动片上，如图 12-31 所示，即可将电位器焊接完成。

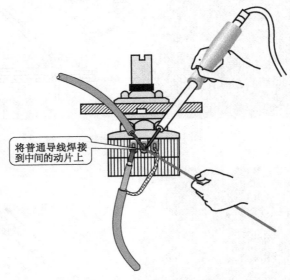

将普通导线焊接到中间的动片上

图 12-31 焊接动片导线

3. 电容器的焊接训练

【图解演示】

焊接电容器的方法与电阻器的焊接方法相同，如图 12-32 所示。

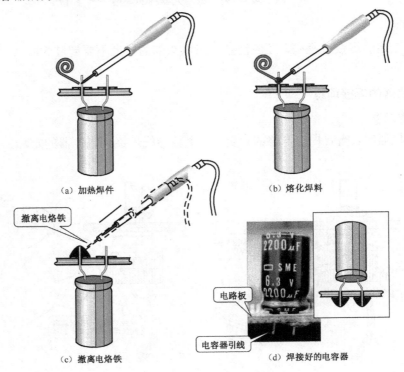

（a）加热焊件

（b）熔化焊料

撤离电烙铁

（c）撤离电烙铁

电路板

电容器引线

（d）焊接好的电容器

图 12-32 焊接电容器

4. 半导体器件的焊接训练

【图解演示】

如图 12-33 所示为晶体管的焊接操作。

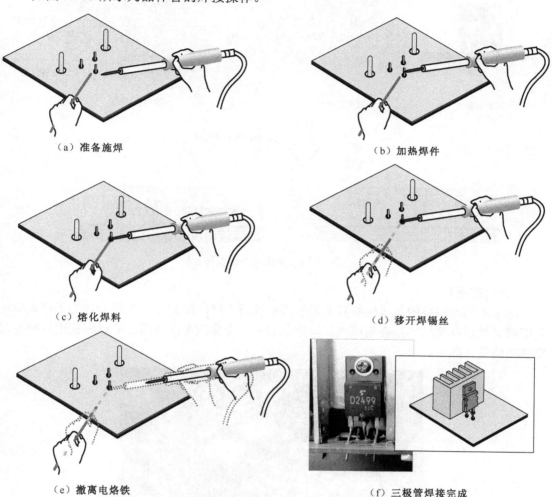

（a）准备施焊

（b）加热焊件

（c）熔化焊料

（d）移开焊锡丝

（e）撤离电烙铁

（f）三极管焊接完成

图 12-33　晶体管的焊接方法

技能演示 12.2.3　集成电路的安装与焊接

集成电路的安装与焊接与分立元器件的安装焊接方法大致相同，只是集成电路的引脚数目相对较多，所以在对其进行安装或是焊接时，应更要仔细一些。

1. 集成电路的安装

对集成电路进行安装时，应直接对照电路板的插孔将其插入即可，与分立元器件相比，其插装操作更为简单。

【图文讲解】

如图 12-34 所示，在电路板上找出集成电路引脚的对应位置，并将其直接插入即可。值得注意的是，在安装集成电路时应将其引脚插到底，并检查是否有引脚弯曲或是否插入到印制电路板孔内。

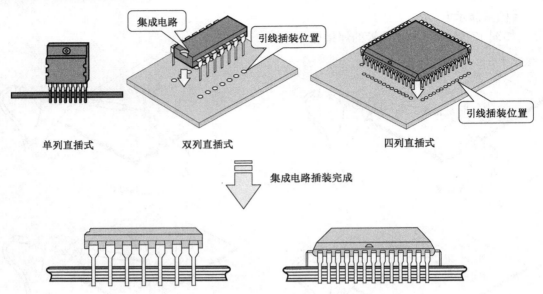

图 12-34　集成电路的安装

【资料链接】

对于不同电路板的集成电路其安装方式也有所不同，如图 12-35 所示，为了使集成电路能够更加良好地散热，在集成电路的底部安装一个集成电路插座，通过集成电路插座对集成电路进行固定。

图 12-35　集成电路插座

2. 集成电路的焊接

由于集成电路内部的集成度较高，为了避免热量过高而损坏，在对其进行焊接时不可以高于指定的承受温度，并且在焊接时，速度要快，以免高温损坏集成电路。

【图解演示】

在对集成电路进行焊接时，同样要遵循焊接操作要领进行焊接，如图 12-36 所示为集成电路的焊接方法。

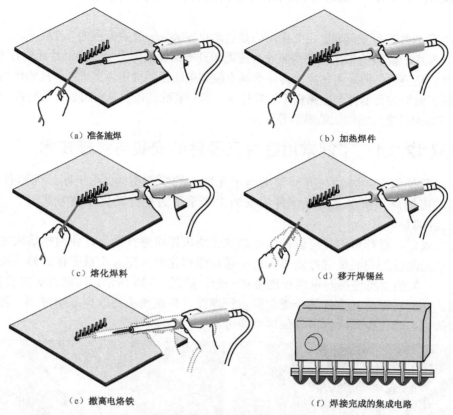

(a) 准备施焊　　　　　　　　　　　　(b) 加热焊件

(c) 熔化焊料　　　　　　　　　　　　(d) 移开焊锡丝

(e) 撤离电烙铁　　　　　　　　　　　(f) 焊接完成的集成电路

图 12-36　集成电路的焊接

【资料链接】

　　由于目前很多集成电路引脚较为密集，因此多会采用热风焊机进行焊接，如图 12-37 所示，在焊接时应使用镊子夹住需要焊接的集成电路，并将热风焊机的枪口悬空放置在元器件的引脚上。

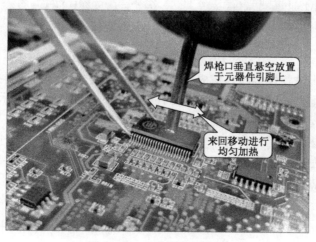

焊枪口垂直悬空放置于元器件引脚上

来回移动进行均匀加热

图 12-37　电烙铁头的选用

任务模块 12.3　贴片元器件的安装与焊接技能

对贴片元器件进行安装时，主要采用的是自动化安装，一般的流程为"点胶→贴装→焊接→清洗"，其中，点胶的作用是焊膏或贴片胶漏印到电路板的焊盘上，为贴片元器件的安装、焊接做准备；贴装的作用是将贴片元器件准确安装到电路板的固定位置上；焊接的作用是将焊膏熔化，使表面组装元器件与电路板牢固焊接在一起；清洗的作用是将组装好的电路板板上面的对人体有害的焊接残留物如助焊剂等除去。

新知讲解 12.3.1　了解常用贴片元器件的安装与焊接技术

贴片元器件的安装方法与其他常用电子元器件的安装不同，由于贴片元器件的体积较小，集成度较高，所以该类元器件的安装主要采用的是自动化安装方式。

【图文讲解】

安装完成后，进行焊接时可以使用电烙铁或热风焊机进行操作，使用电烙铁进行焊接时，对贴片元器件的安装处进行加热，待少量焊锡熔化后，迅速用镊子将元器件放置在安装位置上，一侧的引脚便会与电路板连接在一起，如图 12-38 所示，注意引脚的安装位置，不要放错。然后对贴片元器件另一侧引脚进行焊接。将烙铁头沾取少量助焊剂，将焊锡丝置于引脚部位，熔化少量焊锡覆盖住焊点即可。

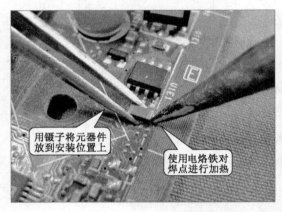

图 12-38　使用电烙铁进行焊接

【图文讲解】

若使用热风焊机进行焊接时，应先在焊接元器件的位置上涂上一层助焊剂，然后将元器件放置在规定位置上，可用镊子微调元器件的位置，如图 12-39 所示。若焊点的焊锡过少，可先熔化一些焊锡再涂抹助焊剂。

当热风焊机预热完成后，将焊枪垂直悬空置于元器件引脚上方，对引脚进行加热。加热过程中，焊枪嘴在各引脚间做往复移动，均匀加热各引脚，如图 12-40 所示。当引脚焊料熔化后，先移开热风焊枪，待焊料凝固后，再移开镊子即可。

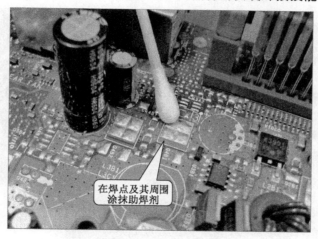

图 12-39　涂抹助焊剂

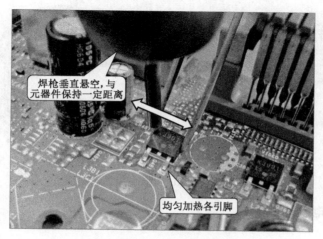

图 12-40　焊接贴片元器件

新知讲解 12.3.2　了解贴片集成电路的安装与焊接技术

贴片集成电路的安装与焊接技术通常与贴片元器件的安装焊接工艺流程相同，但根据集成电路的特点，其安装焊接时，焊接工艺的精度要比常用贴片元器件要高。

1. 贴片集成电路的安装

【图文讲解】

在安装贴片集成电路时，应先对印制电路板进行点胶操作，如图 12-41 所示。通常情况下对印制电路板点胶时采用点胶机进行操作。

印制电路板完成点胶操作后，接下来需要将其放置到贴片机中，通过贴片机来完成贴片集成电路的安装。

将需要安装的贴片集成电路放置到贴片机中的元器件放置盒，如图 12-42 所示，通过贴片机对集成电路进行安装。

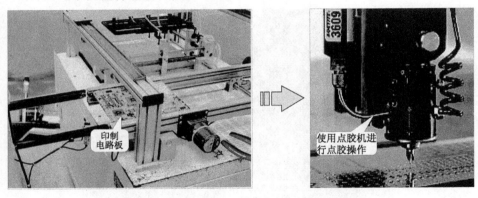

图 12-41　使用点胶机对印制电路板进行点胶操作

图 12-42　通过贴片机安装贴片集成电路

2. 贴片集成电路的焊接

【图文讲解】

将贴片集成电路安装完成后，接下来就需要进行焊接操作了。焊接贴片集成电路时应先进行涂抹焊料，如图 12-43 所示，将贴片集成电路放到电路板上，使用电烙铁随意固定几处引脚，将集成电路暂时固定到电路板上。然后，在所有引脚上均匀涂抹大量的焊料，覆盖住引脚。

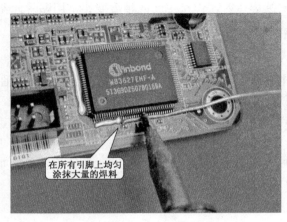

图 12-43　贴片集成电路的涂料

【提示】

若焊料过多，则需要吸走多余的焊料。如图 12-44 所示，先将细铜丝浸泡在松香中，然后将其放置到集成电路的一排引脚上，一边用电烙铁加热铜丝，一边拉动铜丝以吸走焊锡。

图 12-44　吸走多余焊料

完成以上的操作后，则需要对贴片集成电路的引脚进行清洁操作，如图 12-45 所示，将电路板上残留的大量松香进行清洁，这里可以使用蘸有酒精的棉签进行清洁。

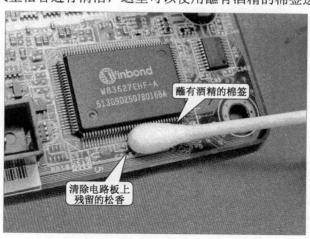

图 12-45　清洁贴片集成电路的引脚

新知讲解 12.3.3　自动化焊接技术

贴片元器件采用自动化焊接技术主要分为两类基本的工艺流程，分别为焊锡膏/再流焊工艺与贴片胶/波峰焊工艺。在实际生产中，应根据所用元器件和生产装备的类型以及产品的需求，选择单独进行或者重复、混合使用，以满足不同产品生产的需要。

1. 焊锡膏/再流焊工艺

焊锡膏/再流焊工艺的主要工艺流程是：将涂敷焊锡膏贴装在表面安装元器件（SMC/SMD）上再流焊，然后进行清洗。该工艺流程的特点是简单、快捷、有利于产品体积的减小。

【图文讲解】

如图 12-46 所示为焊锡膏/再流焊工艺流程图。从图中可以看出，该种工艺流程主要采用再流焊的焊接方法对贴片元器件进行焊接操作。这种焊接方式只适合焊接贴片元器件的焊接方法，若印制板需要同时安装常用元器件，则不适合采用该安装焊接工艺。

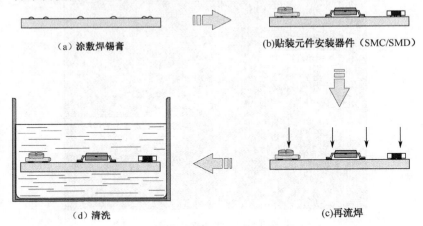

（a）涂敷焊锡膏　　　　　　　　　　　　(b)贴装元件安装器件（SMC/SMD）

（d）清洗　　　　　　　　　　　　（c)再流焊

图 12-46　焊锡膏/再流焊工艺流程图

2. 贴片胶/波峰焊工艺

【图文讲解】

如图 12-47 所示为贴片胶/波峰焊工艺流程图。从图中可以看出，该种工艺流程主要是利用印制板的双面板空间，进一步减小电子产品的体积，并且可以同时安装焊接常用元器件。

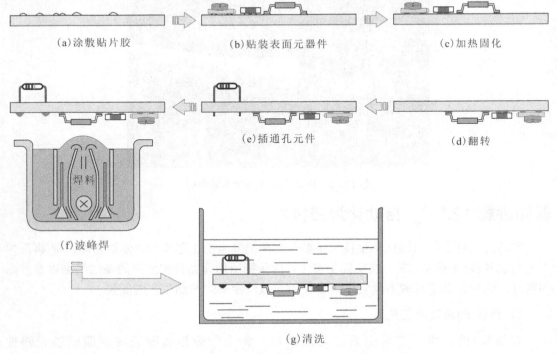

（a)涂敷贴片胶　　　　　（b)贴装表面元器件　　　　　（c)加热固化

（e)插通孔元件　　　　　（d)翻转

（f)波峰焊

（g)清洗

图 12-47　贴片胶/波峰焊工艺流程图

3．双面均采用锡膏/再流焊工艺

该工艺流程的特点是采用双面锡膏再流焊工艺，能充分利用印制电路板空间，并实现安装面积最小化，工艺控制复杂，要求严格，常用于密集型或超小型电子产品，移动电话是典型产品之一。

任务模块 12.4　电子元器件焊接质量的检验

电子元器件安装和焊接完成后，还需要对其元器件的焊接质量进行检验，在检验元器件时，主要是通过人工检测和自动化检验。在对焊接不良的元器件进行检验时，除了检查出焊接不良的元器件外，还需要对焊接不良的元器件进行拆焊、补焊等操作。

新知讲解 12.4.1　认识电子元器件焊接质量检验工具

在对电子元器件进行焊接质量检测时，除了采用目视法进行检验外，通常还需要通过一些仪器进行检验，例如放大镜以及自动检查系统，通过检验可以对不合格的焊接点进行拆焊、补焊等操作。

1．放大镜

放大镜主要是用于检验焊点较小的元器件，而在生产线上通常使用带有照明装置的台式放大镜对电路板中的元器件焊接质量进行检验。

【图文讲解】

如图 12-48 所示为检测电子元器件焊接质量的放大镜，该放大镜主要是由镜面、调节杆、灯开关以及电源线等构成的。

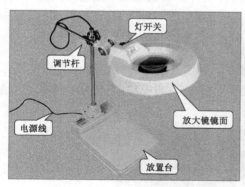

图 12-48　检测焊接质量的放大镜

2．自动检查系统

自动检查系统主要采用自动生产线进行元器件焊接质量的检查。

【图文讲解】

自动光学检查系统如图 12-49 所示，该系统主要包括两个检查系统，自动光学检查和自动 X 射线检查系统。其中，自动光学检查系统是用来检查看得见的焊点，而自动 X 射线检查系统是用来检查隐蔽的焊点。通过自动光学检查系统和自动 X 射线检查系统可以同时检查双面电路板，显著地提高电路板的生产速度。

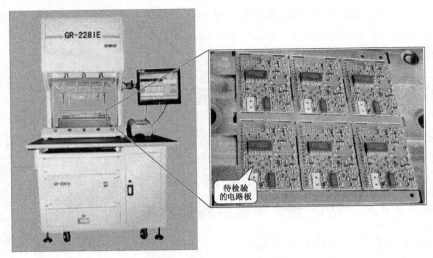

图 12-49　自动光学检查系统

新知讲解 12.4.2　检验常用电子元器件的焊接质量

对常用电子元器件的焊接质量进行检验时，主要是通过其电气性能、机械强度和焊点质量三方面进行检验。

1. 电气性能

电子元器件焊接完成后，若是高质量的焊点应是焊料与工件金属界面形成牢固的合金层，可以保证良好的导电性能，若是将焊料堆附在工件金属的表面，则会形成虚焊的情况，从而影响了导电的性能。

2. 机械强度

焊点的作用是连接两个或两个以上的元器件，要使其接触良好，焊点必须要具有一定的机械强度，即器件引脚与焊点之间的连接牢固程度，如图 12-50 所示，其拔出力越大，表明该焊点的机械强度越高。

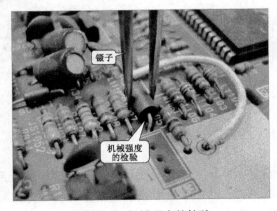

图 12-50　机械强度的检验

3．焊点质量

焊接质量检验时，通常包括焊点表面的检验以及形状的检验两种。

（1）焊点表面的检验

【图文讲解】

若是较好的焊点，其表面应光亮且色泽均匀，如图 12-51 所示，没有裂纹、针孔以及夹渣的现象，并且不可以留有松香渍，尤其是焊剂的有害残留物质，如果不及时清除，酸性物质会腐蚀元器件引脚、接点及印制电路，吸潮会造成漏电甚至短路燃烧等，从而带来严重隐患。

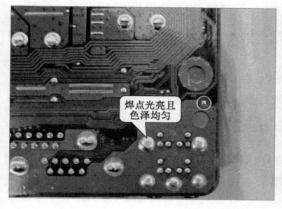

图 12-51　焊点表面的检验

（2）焊点形状的检验

焊接完成后，其焊点的外形不应存有毛刺、空隙等现象，这样不仅不美观，还会为电子产品带来隐患，尤其在高压电路的部分，若是存有毛刺现象，则其尖端很可能会产生放电现象而损坏电子设备。

【图文讲解】

如图 12-52 所示为锡焊的标准焊点形状。焊点上的焊料过少，不仅降低机械强度，而且由于表面氧化层逐渐加深，会导致焊点早期失效。焊点上的焊料过多，既增加成本，又容易造成焊点桥连（短路），也会掩盖焊接缺陷，所以焊点上的焊料要适量。印制电路板焊接时，焊料布满焊盘，外形以焊接导线为中心，匀称、呈裙形拉开，焊料的连接面呈半弓形凹面，焊料与焊件交界平滑，接触角尽可能小。

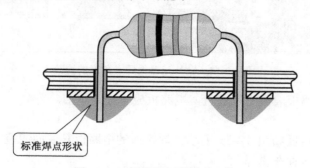

图 12-52　锡焊的标准焊点形状

【资料链接】

如图 12-53 所示为不合格的几种焊接实物外形。

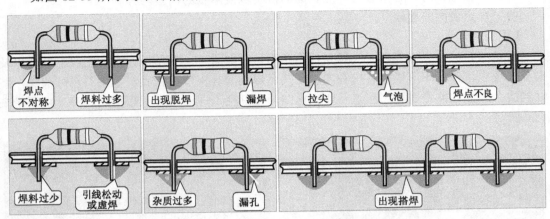

图 12-53　不合格的几种焊接实物外形

新知讲解 12.4.3　检验贴片元器件的焊接质量

检验贴片元器件的焊接质量时，首先检测其焊点的质量是否合格，以及其焊接的位置是否正确等，其次还应注意常用元器件中出现的各种问题。

1. 焊点质量的检验

【图文讲解】

如图 12-54 所示，对于贴片元器件的焊点进行检验时，通常是检验其焊点润湿度是否良好，焊料在焊点表面的铺展是否均匀连续，并且连接角不应大于 90°，焊点牢固可靠。

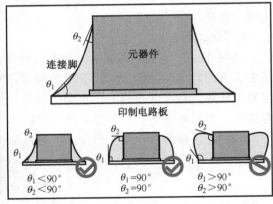

图 12-54　贴片元器件焊点角度的检验

对焊接完成电路板表面进行检查。电路板应干净、整洁。

【图文讲解】

检验合格的电路板如图 12-55 所示，焊接后的电路板其表面应整洁、干净，尤其是在电路板的裸铜区不应存在锡焊。

图 12-55　检验合格的电路板

【图文讲解】

　　贴片元器件焊接的焊点高度，最大限度是可以超出焊盘或压至金属镀层的可焊端顶部，但是不可以接触元器件本身，如图 12-56 所示。

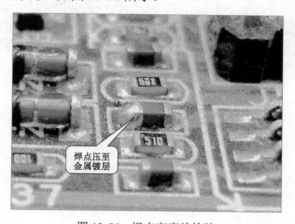

图 12-56　焊点高度的检验

　　在检验贴片元器件焊接质量时，若其引脚的焊锡延伸至元器件引脚的弯折处，但不影响贴片元器件的正常工作，也可以算是正常的焊接操作，如图 12-57 所示。

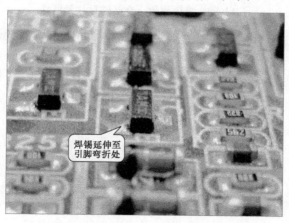

图 12-57　贴片元器件引脚弯折处的焊接

2. 焊点位置的检验

检验贴片元器件的引脚焊接部分时，应重点查看元器件的引脚与焊盘是否相符。

【图文讲解】

引脚焊接与焊盘的位置如图 12-58 所示，如果元器件引脚焊接部分与焊盘有脱离，但还有一定面积的重叠，则该贴片元器件的焊接位置还是可以通过的。

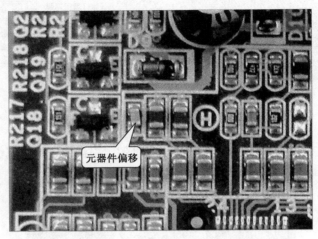

图 12-58　引脚焊接与焊盘的位置

【提示】

若是贴片元器件与焊盘之间的偏移较大，如图 12-59 所示，则表明该贴片元器件的焊接质量不合格，需要进行重新焊接。

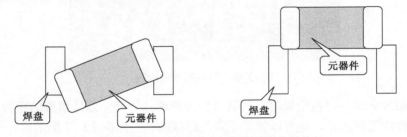

图 12-59　焊接质量不合格的贴片元器件

另外，检查贴片元器件的铜箔有无翘起现象，如果出现翘起现象也表明贴片元器件焊接不良。